電子實習(上)

吳鴻源　編著

全華圖書股份有限公司

序

　　本書根據教育部最新公佈之大專電機電子系科電子實習課程標準標定而成，適合於大學及專科電機系科作為電子學實習教材之用，或是從事電子電機工業之從業人員作為參考之用。

　　本書主要包括有二極體、電晶體特性實驗及各種放大器。實驗項目的設計，除了認識元件特性及基本應用電路外，特別強調電路的轉移曲線，以建立讀者對於電路方塊圖的觀念，做為將來學習自動控制及電子電路設計之基礎。並在每章後，使用 Pspice 模擬，導引如何將理論、模擬及實驗做驗證，以加強學習效果。

　　考慮實驗材料的準備，因此本書設計的實驗項目使用材料，儘量以丙級視聽電子檢定的材料為基礎，以減輕教師在備料的負擔，並把檢定的電路融入在一般的實驗項目內，以祈學生能在上完本課程能順利通過該檢定。

　　感謝固緯電子實業股份有限公司慨允轉載 GDS-2000 操作手冊，並收錄於所附光碟中。本書其編審較對雖力求謹慎，然疏漏之處仍所難免。敬祈各界先進不吝指正。

作者　　吳鴻源

相關叢書介紹

書號：064387
書名：應用電子學(精裝本)
編著：楊善國
20K/488 頁/540 元

書號：06215007
書名：Altium Designer
　　　電腦輔助電路設計－拼經濟版
　　　(附系統、範例光碟)
編著：張義和
16K/448 頁/500 元

書號：06159017
書名：電路設計模擬－應用 PSpice
　　　中文版(第二版)(附中文版試用
　　　版及範例光碟)
編著：盧勤庸
16K/336 頁/350 元

書號：06319007
書名：單晶片 8051 實務(附範例光碟)
編著：劉昭恕
16K/384 頁/420 元

書號：03126027
書名：電力電子學(第三版)(附範例光
　　　碟片)
編譯：江炫樟
16K/736 頁/580 元

書號：0247602
書名：電子電路實作技術(修訂三版)
編著：蔡朝洋
16K/352 頁/390 元

書號：06186036
書名：電子電路實作與應用
　　　(第四版)(附 PCB 板)
編著：張榮洲.張宥凱
16K/296 頁/450 元

◎上列書價若有變動，請以
　最新定價為準。

流程圖

書號：0630001/0630101
書名：電子學(基礎理論)/
　　　(進階應用)(第十版)
編譯：楊棧雲.洪國永
　　　張耀鴻

書號：06163027/06164027
書名：電子學實習(上)/(下)
　　　(第三版)(附 Pspice 試用
　　　版光碟)
編著：曾仲熙

書號：06186036
書名：電子電路實作與應用
　　　(第四版)(附 PCB 板)
編著：張榮洲.張宥凱

書號：0280101
書名：電工實習－交直流
　　　電路(第二版)
編著：鄧榮斌

書號：02974047/02975027
書名：電子實習(上)(第五版)/
　　　(下)(第三版)(附試用版光碟)
編著：吳鴻源

書號：0247602
書名：電子電路實作技術
　　　(修訂三版)
編著：蔡朝洋

書號：0319007
書名：基本電學(第八版)
編著：賴柏洲

書號：0070606
書名：電子學實驗(第七版)
編著：蔡朝洋

書號：0629602
書名：專題製作－電子電路
　　　及 Arduino 應用
編著：張榮洲.張宥凱

目 錄

第一章
基本電子
儀器的使用

1.1　實習目的：

1. 瞭解三用電表的使用。
2. 瞭解電源供應器的使用。
3. 瞭解信號產生器的使用。

1.2　相關知識

1.2.1　三用電表的使用

　　三用電表主要用來測量電壓、電流、電阻，故被稱為三用電表或VOM表。而實際上除了以上功能外，尚可用來測試二極體，電晶體、電容器、電感器等，為電機、電子最常備的儀器，故又稱為萬用電表。圖1.1為一般常用之三用電表的外型圖，各部份功能說明如下：

圖1.1　一般常用三用電表的外型圖

1. 指針：指示測量值。

2. 電表指針零位調整：未測試之前，先調整此鈕使電表指針指示於最左方的"0"的位置。

3. 電阻零位調整鈕(電阻歸零)：測量電阻時，先將電表的選擇開關轉到適當電阻倍率位置，將兩測試棒短路，調整此鈕使其指針偏轉至右方"0"的位置。每次更換電阻測試檔時，均需重作歸零動作。

4. 選擇開關，用以選擇電壓、電流、電阻等測量，每種通常有數個倍率檔，以提高測試靈敏度。

5. 負極插座(－)：電表測試的負端，在歐姆檔位置時，則接到內部電池的"正"端。(注意：對於數位式三用電表的歐姆檔，此端則通常接到電池的"－"端，然而仍有些電表例外，因此使用數位式三用電表，最好先行確認)。

6. 正極插座(＋)：電表測試的正端，在歐姆檔時，則接到內部電池的"負"端。(注意：對於數位式三用電表的歐姆檔，此端則通常接到電池的"＋"端，然而仍有些電表例外，因此使用數位式三用電表，最好先行確認)。

7. 各測量檔及倍率的指示。

8. 輸出電壓插座：此插孔內串接一(0.1MF)電容器，一般用以測試含有直流成份的交流量。例如：擴大器的交流輸出信號。利用內部的電容器隔離直流，故若將電表轉於AC檔，則測得之值即為信號的交流成份。電壓大小與交流測試相同。

9. 製造銘牌

10. 刻度盤：指示各功能檔的測量值，實際量還需乘以各檔的倍率。

　　圖1.2為常用三用電表的面板刻度盤，圖中DC 20KΩ/V及AC 8KΩ/V表示測量直流及交流電壓時，三用電表的內阻，即每伏特的電阻值。例如電表是置於250 Vdc電壓檔，則電表的內阻為：

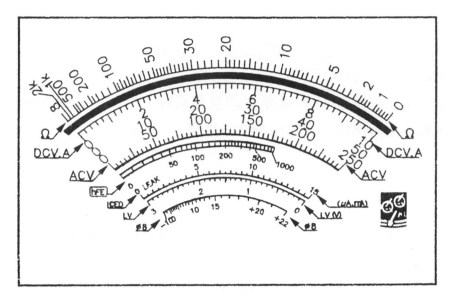

圖1.2　三用電表的指示刻度

$$R_m = 250 \times 20\text{K}\,\Omega = 5\text{M}\Omega$$

同樣的，若置於250Vac檔，則電表內阻為：

$$R_m = 250 \times 8\text{K}\,\Omega = 2\text{M}\Omega$$

　　電壓表測量時是與待測元件並聯，因此，此值愈大造成分流效應愈小，即愈精確。爲改善刻度讀值的視角誤差，三用電表的刻度盤於歐姆刻度下方具有反射鏡面，讀取讀值時，應使指針與鏡內影像重疊時，才屬正確。

一、電壓及電流的量測

1. 電壓的量測：先選擇適當的功能檔，如測量直流電壓則置於DCV檔而交流電壓則置於ACV檔。若測量直流電壓轉到ACV檔，則讀值會比實際值高出很多。若以DCV檔測試交流電壓，則讀值爲零(因讀值爲交流電壓的平均值)。

2. 測試電壓時與待測元件並聯，並由相對應的刻度盤讀取數值，再乘以倍率。

3. 對於未知的電壓，請以高電壓檔先行測試，若讀值過小再逐漸轉到低電壓檔以避免電表燒壞。換檔時，請將測試棒離開測試點，以避免換檔時過大的電流通過表頭而損壞電表。

4. 電表不用時請將電表轉到OFF檔或高電壓檔以避免下次使用時，在未選擇適當的量測檔即行測試而造成燒毀電表。一般電表的燒毀大都是以歐姆檔或電流檔去測試電壓。

5. 使用三用電表測試直流電流時先將電表轉到最大的電流檔，並與待測電流的路徑串聯。由刻度盤的DCA刻度讀取數值並乘以倍率。

6. 電表置於電流檔時，千萬不得與電路並聯，否則經常會燒壞電表。

二、電阻的量測

1. 將電表轉到R×1(或R×10、R×1K、R×10K等檔)檔，將 " ＋ " ，" － " 測試棒短路，調整電阻零位調整鈕使其指針偏轉至右方0Ω處(歸零)。若無法歸零，則表示電表內部的電池電壓太低，請先更換電池。R×1、R×10、R×1K等檔無法歸零，則更換內部兩個1.5V的電池，若R×10K無法歸零，則更換內部9V的電池。

2. 直接測試待測電阻，並從歐姆刻度讀取其數值，此數值乘以倍率則為實際電阻值。例如：刻度讀取的電阻值為12Ω，而電表轉在R×10Ω處，則實際電阻為120Ω。

3. 測試電路板內元件的電阻值，必需將電源切離，以避免因該待測元件上有過大電壓而燒毀電表。

4. 在電路板內測試電阻時，由於電路元件的並聯效應，實際測得的值往往較真正值小。

三、電感及電容的測量

　　三用表並不能直接用以測試電感及電容，然而透過其輔助裝置，則可以間接的方法測試電感及電容值，測試電路如圖1.3所示：

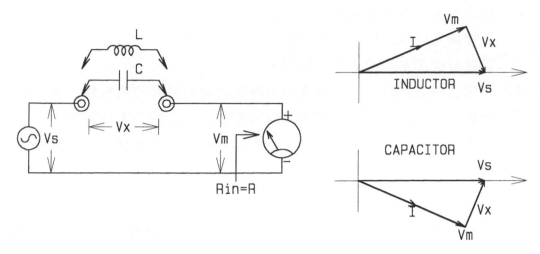

圖1.3　三用電表用以測試電感及電容的接線

假設待測元件為電容器，則：

$$V_s = V_m - jV_X$$

$$V_s^2 = V_m^2 + V_X^2$$

$$V_X = \sqrt{V_s^2 - V_m^2} = I \times \frac{1}{2\pi fC}$$

$$C = \frac{I}{2\pi f}\frac{1}{\sqrt{V_s^2 - V_m^2}}$$

$$= \frac{V_m}{2\pi fR}\frac{1}{\sqrt{V_s^2 - V_m^2}}$$

$$= \frac{1}{2\pi fR} \times \frac{1}{\sqrt{\left(\dfrac{V_s}{V_m}\right)^2 - 1}}f$$

$$= \frac{1}{2\pi fR} \times \frac{10^6}{\sqrt{\left(\dfrac{V_s}{V_m}\right)^2 - 1}}\mu f \tag{1.1}$$

式中R為電表的內阻，Vm為電表的讀值，而Vs則為測試的交流電源電壓。
若待測元件為電感值，忽略電感器的串聯電阻，則：

$$V_s = V_m + jV_X$$

$$V_s^2 = V_m^2 + V_X^2$$

$$V_X = \sqrt{V_s^2 - V_m^2} = I \times 2\pi f L$$

$$L = \frac{\sqrt{V_s^2 - V_m^2}}{2\pi f \times I} = \frac{\sqrt{V_s^2 - V_m^2}}{2\pi f \times \left(\dfrac{V_m}{R}\right)}$$

$$L = \frac{R}{2\pi f} \sqrt{\left(\frac{V_s}{V_m}\right)^2 - 1} \qquad (1.2)$$

用此測量L及C時，先利用三用表的ACV檔測量電源V_s之電壓，然後以圖1.3之接線以測得V_m之讀值，依(1.1)及(1.2)式即可算出L及C值。

四、dB的測量

分貝是用來表示增益的單位，若以P_1代表輸入功率，P_2代表輸出功率，Z_1代表輸入阻抗，Z_2代表輸出阻抗則：

$$dB = 10 \log \frac{P_2}{P_1} = 10 \log \frac{\dfrac{E_2^2}{Z_2}}{\dfrac{E_1^2}{Z_1}} = 10 \log \frac{E_2^2 \times Z_1}{E_1^2 \times Z_2}$$

$$= 10 \log \left(\frac{E_2}{E_1}\right)^2 + 10 \log \frac{Z_1}{Z_2}$$

$$= 20 \log \left(\frac{E_2}{E_1}\right) + 10 \log \frac{Z_1}{Z_2}$$

若$Z_1 = Z_2$，則

$$dB = 20 \log \left(\frac{E_2}{E_1}\right)$$

三用表以一個600Ω之負載電阻上消耗1mW之功率定為0dBm，這時三用電表是撥於ACV 10V檔，其電壓刻度值為：

$$E = \sqrt{P \times R} = \sqrt{0.001 \times 600} = 0.7745 \text{V}$$

只有三用電表撥於ACV 10V檔，被測之負載為600Ω，且電壓為正弦波時，才可讀取正確之dB值。dB值的範圍可由-10dB～+22dB，測量時若超出此範圍，必須選擇適當檔，然後再加以修正，或負載不是600Ω，也需加上修正值，其修正公式如下：

$$真正dB = 電表指示值 + 20 \log \frac{AC檔}{10} + 10 \log \frac{600}{R_L}$$

1.2.2 電源供應器

　　直流電源供應器其主要構成部份為 *1.*整流電路 *2.*濾波電路 *3.*穩壓電路及 *4.*保護電路。茲以托福公司TPS－4000型及固緯公司的GPC－3030兩種機型說明於後。兩種機型均是具有可調的＋／－雙電源及一組固定5V之輸出。新的機型僅將原來的指針表頭，更改為數字表頭，詳細規格可自行上該公司網站查詢。

1.2.2.1 TPS－4000

　　圖1.4為TPS－4000型電源供應器之面板，各部功能說明如下：

圖1.4 TPS-4000型電源供應器之面板(由托福公司提供)

1. 電源開關。

2. 電源指示燈。

3. 兩組可調電源的輸出電壓及電流表。

4. 電壓輸出旋鈕，當操作模式開關(7)置於"INDEPENDENT"位置時，兩輸出電壓各自獨立調整。若操作模式開關置於"TRACKING"模式，則

　　兩輸出電壓由右方(MASTER)的旋扭控制。即"SLAVE"這一組的輸出電壓自動追蹤"MASTER"這一組的輸出電壓。

5.　電流設定調整，用以設定最大的輸出電流，當等效負載電阻太小使電流超過此設定值時，電源供應器自動切入定電流模式，即輸出電壓開始下降以維持輸出電流為其設定值。此功能使得本供應器可將兩組電壓輸出並聯以提供加倍的電流容量，即原本每組為30V/3A電流容量，若將兩輸出並聯可得30V/6A的輸出電流容量。

6.　輸出端子"＋"、"－"為每組的輸出端子，"GND"則為機架的接地。

7.　操作模式選擇開關，當置於"INDEPENDENT"時，兩可調輸出電壓，分別由各自的電壓旋鈕設定，而置於"TRACKING"時，則由"MAS-TER"這一組的電壓調整鈕設定，而另一組"SLAVE"的輸出電壓則自動追蹤"MASTER"的輸出。

8.　電表的歸零旋鈕。

9.　固定的5V輸出端子，其電流容量為3A。

1.2.2.2　GPC－3030

　　圖1.5為GPC－3030電源供應器的面板，各部份功能如下：

1.　電源開關

2.　主控輸出電壓表

3.　副控輸出電壓表

4.　主控輸出電流表

5.　副控輸出電流表

6.　主控輸出電壓調整：當在獨立模式時，可調整主控輸出電壓。在追蹤模式(串聯或並聯)時，同時調整副控輸出電壓。

7.　副控輸出電壓調整：當在獨立模式時，可調整副控輸出電壓。在追蹤模式時，此旋鈕不作用，電壓調整由(6)主控輸出電壓調整鈕同步調整。

8. 主控最大輸出電流調整：用以設定最大輸出電流。當在追蹤模式(串聯或並聯)時，副控最大輸出電流亦以此鈕設定。

9. 副控最大輸出電流調整：當在獨立模式時，可調整副控最大輸出電流。

10. 11.定電壓源狀態燈指示：當輸出在定壓源狀態時CV燈就會亮。

12. 13.定電流源狀態燈指示：當輸出在定流源狀態時CC燈就會亮。

14. 超載指示：當固定5V輸出負載電流大於額定值時此燈就會亮。

15. 16.操作模式選擇開關：兩個按鍵可以選擇獨立(INDEP.)、串聯(SERIES) 追蹤、並聯(PARALLEL)追蹤三種操作方式。

　(1)　當兩個按鍵都未按入時，則以獨立模式工作，主控和副控則分別為獨立電源供應器個體。

　(2)　當左邊的按鍵按入，右邊按鍵未按入時，則構成串聯追蹤(SERIES)模式操作。在此模式操作時，副控輸出電壓由主控電壓旋鈕控制(副控輸出電壓追蹤主控輸出電壓)，副控輸出端子的正端則自動與主控輸出端子負端連接，此時主控正端與副控負端間則可提供0～2倍的額定電壓。

　(3)　當兩個按鍵都按入時，則構成並聯追蹤模式操作(PARALLEL)，在此模式下，主控輸出和副控輸出相對應的端子自動連接在一起，而其最大電壓和電流則完全由主控電源供應器控制輸出，此時主控輸出則有0～額定電壓和0～2倍額定電流輸出。並聯追蹤模組只限由主控輸出端供給負載。

17. 主控正極輸出端子"＋"。

18. 副控正極輸出端子"＋"。

19. 20.大地和機殼接地端子"GND"。

21. 主控負極輸出端子"－"。

22. 副控負極輸出端子"－"。

23. 固定5V輸出正極端子"＋"。

24. 固定5V輸出負極端子"－"。

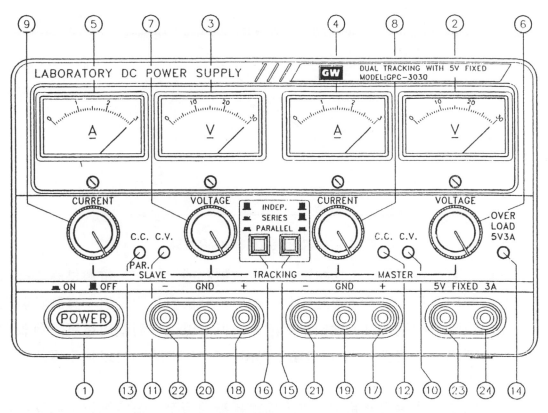

圖1.5　GPC-3030電源供應器的面板(由固緯公司提供)

1.2.2.3　定電壓／定電流的操作

此系列直流電源供應器的工作特性稱之為定電壓／定電流自動交越形式；即當輸出電流達到預定值時，可自動將定電壓的操作模式轉為定電流的操作模式，反之亦然。而定電壓和定電流交點稱之為交越點，如圖1.6所示交越點和負載相對關係特性。

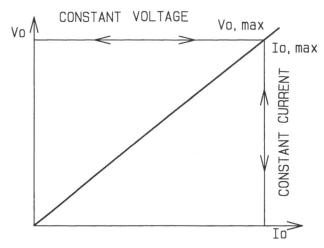

圖1.6　交越點和負載相對關係特性圖

　　例如,有一負載使其工作電壓在恒定電壓狀態下運作,電源供應器提供其額定的輸出電壓,若慢慢增加負載,輸出電壓仍維持固定值,直到負載電流到達限流點。超過此點,輸出電流則為一恒定電流,而輸出電壓隨負載電阻減小而下降。前面板的CV LED顯示熄滅,CC LED將點亮以指示目前為定電流的操作模式。

　　同樣的當負載慢慢遞減時,電壓輸出逐漸回復至一恒定電壓,過交越點後將自動將定電流的操作模式變為定電壓操作模式。

　　例如:假定你想將12V蓄電池利用此電源供應器充電,首先將電源供源器電壓輸出預置在13.8V,此時蓄電池形同一個非常大的負載置於電源供應器輸出端上,電源供應器將處於定流源狀態,調整其充電電流為1AMP。蓄電池逐漸充電,蓄電池電壓慢慢上升,當蓄電池上的電壓趨近於13.8V,其負載漸漸減少直到交越點,此時蓄電池已不需要1A額定電流充電。電壓輸出漸漸回復至13.8V定電壓,並自動將定電流的操作模式變為定電壓操作模式。

1.2.2.4　如何設定限流點

1.　首先確定您所需供給最大安全電流值。

2.　暫時以測試導線將輸出端正極和負極短路。

3. 將電壓控制旋鈕順時針轉至CC燈點亮。

4. 慢慢將電流控制旋鈕順時針轉至您所需的最大電流。

5. 此時限流點(過載保護)即設定完成，請勿再旋轉電流控制旋鈕。

6. 移開第二步驟的短路測試導線，然後就可設定您所需旳電壓。

1.2.2.5　操作模式

1. 獨立(INDEPENDENT)操作模式

　　主控(MASTER)和副控(SLAVE)的每一電源供應器在額定電流內可供應0～額定的電壓輸出。當前面面板模式控制開關設定在獨立操作模式時，則主控和副控爲各自獨立的兩組電源供應器，可單獨或兩者同時使用。其操作程序如下：

⑴　前面板的TRACKING選擇按鍵置於INDEP.的位置。

⑵　打開電源開關。

⑶　將電壓控制旋鈕逆時針轉到0。

⑷　確定您的裝置正負極性。

⑸　將紅色測試導線插入輸出端正極。

⑹　將黑色測試導線插入輸出端負極。

⑺　將正負極導線短路以調整限流點(過載保護)，以確保您的裝置安全。

⑻　關閉電源開關。

⑼　將測試導線正極(紅色鱷魚夾)夾入您的裝置正極。

⑽　將測試導線負極(黑色鱷魚夾)夾入您的裝置負極。

⑾　打開電源開關。

⑿　調整(順時針)電壓控制旋鈕到您所需要的電壓值。

⒀　如圖1.7連接。

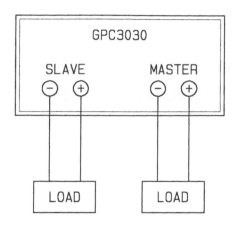

圖1.7 獨立操作模式接線圖

2. 串聯追蹤(SERIES TRACKING)操作模式

當選擇串聯追蹤操作模式時，副控輸出端正極自動連接到主控輸出端子的負極。而其最大輸出電壓(串聯電壓)即由二組輸出電壓相互串聯而成。由主控電壓控制旋鈕即可控制副控輸出電壓(自動設定和主控相同變化量的輸出電壓)。其操作程序如下：

(1) 將前面板的TRACKING選擇按鍵設定在SERIES(只按下左邊按鍵)。

(2) 設定副控電流控制旋鈕順時針至最大。(副控最大電流輸出隨著主控電流設定值而改變)。

(3) 設定主控限流點(過載保護)。在串聯追蹤模式，流過兩組電源供應器的電流必定是相等的；因此在串聯模式其最大限流點是取二組電流控制旋鈕中較低的一組。

(4) 調整主控輸出電壓到您所需的電壓值。

(5) 假使只使用單電源的直流供應，則將測試導線一條接上副控負端，另一條接主控正端，而在此兩端之間可供給主控輸出電壓顯示值的二倍電壓，其輸出電流則為主控電流顯示值。如圖1.8(a)連接。

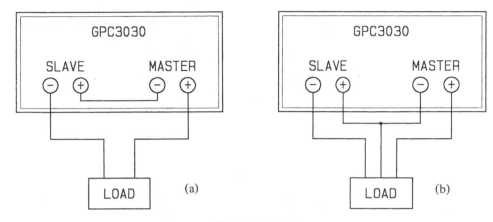

圖**1.8**　串聯追蹤操作模式接線圖

⑹　假使想得到一組正、負雙電壓直流電源，則如圖1.8(b)的接法，此時將主控的負端(黑色端子)當作地點(COMMON)，則主控正輸出端可得到正電壓及正電流，而副控負輸出端對地點，則可得到與主控輸出電壓值相同的負電壓，即所謂追蹤式串聯電壓。

3.　並聯追蹤(PARALLEL TRACKING)操作模式

　　在並聯追模式時，主控輸出端正極和負極會自動的和副控輸出端正極和負極兩兩相互並聯接在一起，而此時輸出則為主控電壓表顯示的額定電壓值，而輸出電流則為兩電流表讀值之和。

　　其操作程序如下：

⑴　將前面板的TRACKING選擇按鍵設定在PARALLEL。(兩個按鍵都按下)。

⑵　利用主控的電流控制旋鈕來設定限流點(過載保護)，實際限流值為主控或副控電流表頭顯示值的二倍。

⑶　調整主控電壓控制旋鈕，讀取主控或副控電壓表頭顯示值，即為您所需求的電壓值。

⑷　關閉電源開關，然後將測試導線插入主控輸出端正極和負極。

⑸　連接您的裝置正極到電源供應器主控輸出端子的正極(紅色端子)，連接您的裝置負極到電源供應器主控輸出端子的負極(黑色端子)。請參照圖1.9線路連接。

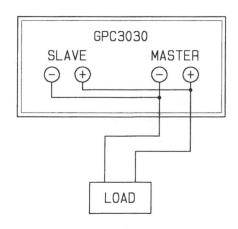

圖1.9 並聯追蹤操作模式接線圖

1.2.2.6 5V固定輸出操作：

固定5V輸出端可提供5V直流輸出電壓及最大3 amp的輸出電流，對TTL邏輯電路提供其5V的工作電壓，是非常方便實用的。

其操作程序如下：

⑴ 關閉電源開關，然後將測試導線插入輸出端正極和負極。

⑵ 連接您的裝置正極到固定5V輸出端的正極(紅色端子)。連接您的裝置負極到固定5V輸出端的負極(黑色端子)。請參照圖1.10線路連接。

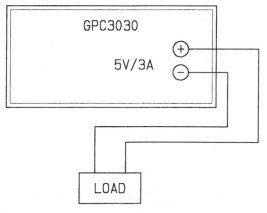

圖1.10 固定5V輸出操作模式接線圖

⑶　假使前面板的OVERLOAD紅色指示燈亮，則表示已超過最大額定
電流(過載)，此時輸出電壓將漸漸降低以保護電源供應器，若您仍
需要恢復固定5V輸出，則必須減輕負載量直到OVERLOAD紅色指
示燈熄滅。

1.2.3　函數波形產生器

函數波形產生器可以產生正弦波、三角波、鋸齒波、方波、脈波等多樣
化波形。本節將針對茂迪股份有限公司生產的FG－506函數波形產生器之操
作作一說明：

1.2.3.1　功能

FG-506函數波形產生器主要功能如下：

1. 正弦波：產生的正弦波從2Hz到6MHz。全部正弦波失真度在頻率低
於100KHz時少於1%,在頻率100KHz以上時低於30dB。

2. 方波：對稱方波從10%到90%的峰值到峰值，上升/下降時間少於25
ns。

3. 三角波：線性在100KHz以下時大於99%。

4. 斜波：斜波產生方式有兩種：

⑴　由連續三角波再調整波形的對稱性。

⑵　由線性Sweep功能產生, 輸出來自Swp Out/Trig In端。

5. 脈波(CLOCK,TTL Pulse)：TTL Pulse和TTL同步且相容。它們也可調
整從10%到90%的工作週期。為產生TTL Pulse，將MODE放在
CLOCK，然後調整頻率旋鈕到所要的頻率。TTL　Pulse由Sync　Out
BNC接頭獲得。

<註>TTL Pulse的振幅不經由"Amplitude"旋鈕控制。

6. 觸發波(Trigger)：使輸出信號在輸入觸發脈波的正緣(positive edge)上
產生。外部觸發脈波信號最小脈波寬度為50ns,最大重覆率5MHz。操
作時，將MODE設定在TRIG，選定所需的波形，連結外部觸發脈波
到"Trig In"的BNC接頭即可獲得。

7. 閘控及猝發波(GATE或BURST)：GATE功能可經外部脈波以觸發連續信號輸出。外部信號脈波最小寬度50ns,最大重覆率5MHZ。

8. 直流電壓輸出(DC OUTPUT)：輸出DC電壓從-10到+10伏特(開路時)；在50歐姆負載時，輸出電壓從-5到+5伏特。

9. 對稱性及工作週期調整(Symmetry/Duty Cycle)：可調整所有波形的對稱性及工作週期從10%到90%。

   <註>調整工作週期也會引起預設定的頻率改變。

10. 外部頻率調變(VCG)：可以"VCG In"BNC連接器輸入信號以控制輸出頻率。輸入電壓準位是從0到10伏特產生100：1的頻率變化。利用此項功能能產生調頻信號(FM)。

11. 掃頻輸出(SWEEP)：FG-506系列也能做線性和對數掃頻。線性和對數掃頻的寬度為100：1，控制掃頻的斜坡波形，可進一步改變波形寬度(週期)和速率(斜率)。SWEEP速率由10msec到5秒。

12. 直流偏移調整(DC Offset)：DC Offset改變信號的直流值。信號值加直流偏移不可超過10V(在50歐姆負載時小於5V)，否則輸出波形會被截掉。

13. 智慧型計頻器操作：FG-506具有自動換檔計頻功能。頻率自5Hz到100MHz，或週期0.2秒到10奈秒可精確地(解析度6 1/2數位)量得。輸入靈敏度是50mVrms到50MHz, 100mVrms到100MHz，最大輸入電壓為250V。又輸入電壓可選擇直接輸入或衰減十倍。

1.2.3.2　面板功能說明

圖1.11為FG-506的面板，功能說明如下：

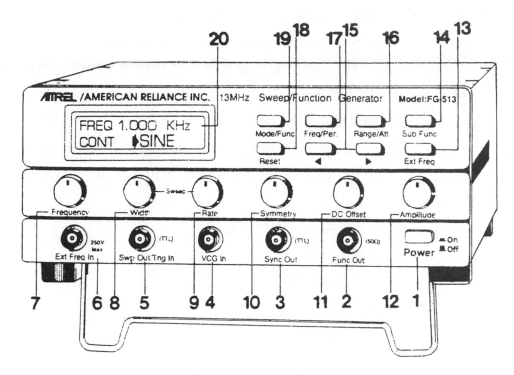

圖1.11　FG-506的面板圖

1. Power：電源開關。

2. Func out：主信號輸出，可驅動50Ω負載達$10V_{P-P}$，而開路輸出可達$20V_{P-P}$之電壓。

3. Sync out：同步輸出，TTL位準的同步輸出脈波，其頻率從2Hz至12 MHz。

4. VCG in：由外部輸入電壓以控制振盪器的輸出頻率，0-10V的輸入電壓可導致1：100的頻率改變量。此功能僅在VCG副功能設定為ON時有效。

5. Sweep out/Trig in：於線性或對數掃頻時的斜波輸出。同時又接受TTL的脈波輸入作為觸發，或控制波形產生。

6. Ext Freq in：外部頻率輸入端子，當函數產生器頻率顯示設定於Ext Freq時，可作為計頻器使用，最大輸入電壓為250V，100MHz。

7. Frequency：頻率調整鈕。

8. Width：掃頻寬度調整，最大頻率比可達1：100。

9. Rate：掃頻的速率，調整範圍從10mS到5 S。

10. Symmetry：對稱性調整，工作週期從10%到90%可調。

11. DC offset：輸出信號的直流偏移量調整。開路可達±10V，而於50Ω負載時有±5V的調整量。

12. Amplitude：輸出信號的振幅調整鈕。

13. Ext Freq：當按下此鈕時LCD將顯示Ext，表示此時頻率指示為外部計頻器用，指示由"Ext Freq in"端子輸入的信號頻率，最大信號為250V/100MHz。

14. Sub Func：副功能選擇鈕，本機具有：

   (1) Symmetry：對稱性調整

   (2) VCG in：電壓控制頻率輸入。

   (3) DC offset：直流偏移量調整。

   (4) Sweep：線性及對數掃頻。

   (5) Inverted pulse：脈波反相。

   等五種副屬功能，每按本鍵一次則自動輪替到下一副功能，每一功能可由"＜"，"＞"鈕以選擇ON或OFF，以設定或取消此項功能。Reset或開機時此副功能均設定於OFF的位置。

15. "＞"，"＜"選擇鈕：於各模式選擇特定功能，如頻率粗調、衰減量、波形種類、副功能的啟動等。

16. Range/Attn：用以選擇頻率粗調或衰減量，於Range時，按"＜"或"＞"以選擇衰減量。

17. Freq/Per：用以選擇LCD顯示為頻率或週期($T=\frac{1}{f}$)。

18. Reset：復置開關，按下此鈕，本機將回復到初始狀態。

19. Mode/Func：波形與操作模式選擇鈕，於Func模式下，按"＜"或"＞"以選擇不同的波形，包括正弦波、方波、三角波及直流電壓。於Mode模式下，按"＜"或"＞"鈕以選擇連續波、觸發波、閘控波及時脈波。

20. LCD Display：LCD顯示器以指示目前操作狀態或頻率。

1.2.2.3　操作方法

　　將電源切入後，所有主要操作均由8個鍵控制。且每個鍵均可控制2種功能(如Mode/Func)。使用功能變換按鈕去設定所需要的工作模式，當狀態顯示器顯示正確讀值後，用功能變換按鈕("＜"或"＞")去設定所需要的工作狀態。操作方塊圖如圖1.12所示。副功能操作方塊圖則如圖1.13所示，其中包括五項副功能分別是Symmetry，VCG In，Sweep (Lin/Log)，DC Offset，和TTL輸出反相。

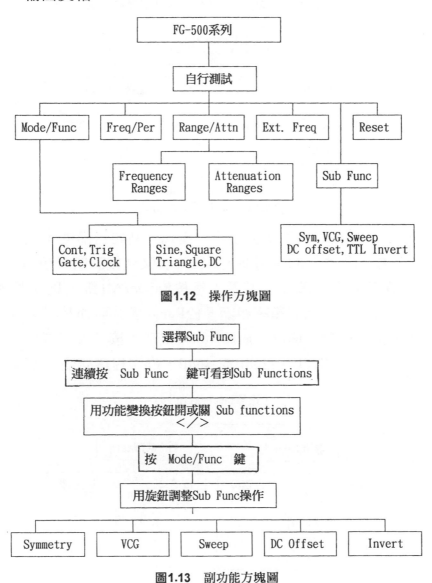

圖**1.12**　操作方塊圖

圖**1.13**　副功能方塊圖

⑴　若選對稱度，用"Symmetry"鈕控制波形對稱度。

⑵　若選VCG，用"VCG IN"輸入端外加電壓來控制輸出頻率。

⑶　若選Sweep，用"Width"和"Rate"鈕用來控制Sweep輸出的寬度和速率。

⑷　若選DC Offset附帶功能，用DC Offset鈕控制DC值。

功能操作說明如下：

1.　波形選擇：按Mode/Func鈕(每按一次則切換至另一模式)後，以＜，＞鈕以選擇適當波形。操作程序如圖1.14所示。

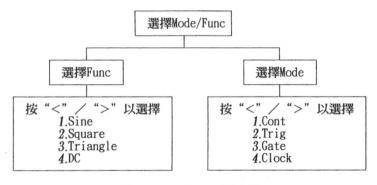

圖1.14　mode/Func子功能

2.　Freq/Per：每按一次則切換至另一模式，例如目前顯示頻率，按下此鈕，則顯示切換爲顯示週期，再按一次又恢復到顯示頻率。

3.　輸出波形頻率粗調及衰減量：每按Range/Att鈕，則切換到衰減模式，再按一次又回到頻率粗調。於Range模式時而按 "＜" 或 "＞" 以選擇適當的頻率範圍。而於Attn模式下，按 "＜" 或 "＞" 以選擇衰減量，可選擇0dB，-20dB或-40dB。操作程序如圖1.15所示。

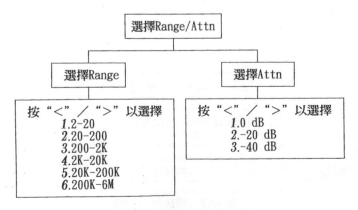

圖1.15　Range/Attn子功能

4. 閘控或猝發波：如圖1.16之猝發波，其選擇如下：

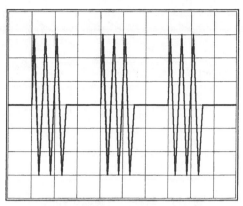

圖**1.16**　猝發波

⑴　按Mode以選擇"Gate"。

⑵　按Func以選擇波形。

⑶　按Range以選擇頻率範圍(粗調)。

⑷　按Attn以選擇信號大小(粗調)。

⑸　連接TTL準位的觸發信號以控制其輸出為猝發波。

5. 直流偏移量：按Sub Func鈕到DC offset的副功能後，按＜或＞鈕以設定DC offset on，由DC offset旋鈕設定offset電壓大小。

6. 對稱性／工作週期：按Sub　Func鈕到Symmetry，按＜或＞鈕設定Symmetry on(致能)。由Symmetry旋鈕調整工作週期。

7. 外部頻率控制：按Sub　Func鈕到VCG　in副功能，按＜或＞設定VCG in on，於VCG in輸入端加入0－10V的控制信號以調整輸出信號的頻率。

8. 掃頻功能，按Sub　Func鈕到Sweep副功能；按＜或＞設定Sweep on，其內部能以線性或對數方式作掃頻輸出，且可經由"Width"及"Rate"旋鈕以改變掃頻範圍及掃頻時間。

9. 線性／對數掃頻功能設定，按Sub func鈕到Lin/Log副功能，並按＜或＞以選擇Lin或Log掃頻模式，其掃頻的控制信號由Sweep　out端出，其波形如圖1.17所示。

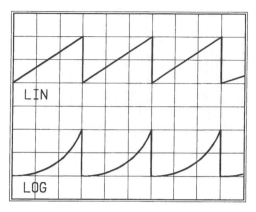

圖1.17　線性／對數掃頻輸出

10. 當作計頻器使用：按Ext Freq鈕以選擇外部頻率輸入，從Ext in端子可接至待測信號，以測量外部頻率。若要量波形週期，按"Freq/Per"鍵，選擇Per即可。待測信號頻率或週期可直接由LCD讀出。

11. 改變計頻器參數：在頻率測量模式，可改變兩個參數：Attenuation和low pass filter。按"Ext Freq"鈕使游標在此兩參數間移動。改變參數之法：進入外部計頻器模式後，low pass filter是"ON",attenuation是20dB，游標移到attenuation處，藉著按游標鈕選在×1(不衰減)或×20(衰減20dB)。按Ext Func鍵使游標放在LPF,而設定low pass filter在ON或OFF。

　＜註＞(1)若量得信號頻率低於20MHz，設定low pass filter(LPF) ON。則測量較穩定。

　　　(2)若量得信號值太高(>1Vrms)，會使電路飽和。因此，請將attenuation 選於×20

　　　(3)若同時操作計頻器和波形產生器，會導致高頻率信號的輻射干擾。當計頻器測量80MHz以上信號時波形產生器不要輸出6MHz以上的信號。

第二章
示波器

2.1 實習目的：

1. 瞭解示波器的架構。
2. 瞭解如何使用示波器測量電壓及電流。
3. 瞭解如何使用示波器測量頻率及週期。
4. 瞭解如何使用示波器測量相位。

2.2 相關知識

示波器為電子測量最重要的儀器之一，它使得我們得以看到"電"的信號。因此熟悉示波器的使用，實為電機、電子工程人員必備的知能之一。

示波器的主要方塊圖如圖2.1所示，主要結構包括：

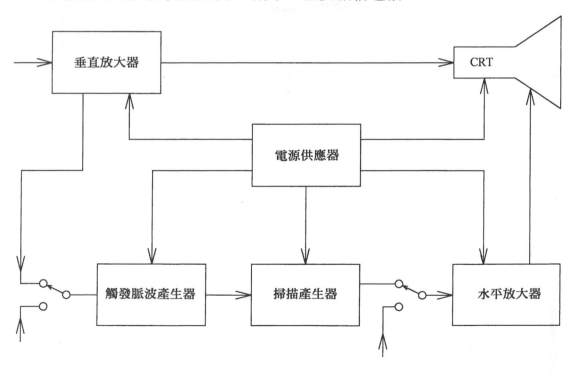

圖2.1　示波器的主要架構方塊圖

⑴　陰極射線管(cathod ray tube CRT)

⑵　垂直放大器(vertical amplifier)

⑶　水平放大器(horizontal amplifier)

⑷　掃描產生器(sweep generator)

⑸　電源供應器(power supply)

等五大部份。

2.2.1　示波器的面板功能

　　示波器之原理有專書討論，本節僅針對一般示波器面板之功能作一簡述，並以 TK-2205 示波器為例做說明，至於其它廠牌的示波器，其面板功能均是大同小異。圖2.2為TK-2205型示波器之面板，各部份功能說明如下：

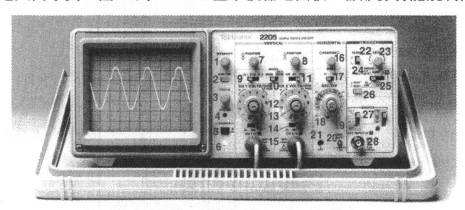

圖2.2　TEK-2205型示波器之面板(photo courtesy of Tektronis, Inc)

1.　INTENSITY(亮度控制鈕)改變CRT電子束的強度，而控制螢幕上波形的亮度，平常不宜太亮，否則會降低螢光幕的壽命，尤其是波形只有一點的時候，更須要注意。

2.　BEAM FIND(軌跡搜尋)押下時，縮小顯示掃描線範圍以方便尋求顯示軌跡位置。

3.　FOCUS(聚焦控制鈕)改變加速陽極電壓，使得CRT內的電子透鏡焦距正確，平常和亮度控制配合使用，調整使掃描線軌跡能在螢光幕得到清晰圖形。

4.　TRACE　ROTATION(掃描線軌跡旋轉)用以調整掃描線軌跡的水平度。

5.　POWER電源開關。

6.　POWER電源指示燈。

7. 8. ↕ POSITION (垂直位置控制)用來調整波形上下(垂直)位置。

9.　CH1－BOTH－CH2(顯示模式選擇)

　　CH1：僅顯示CH1波形

　　CH2：僅顯示CH2波形

　　BOTH：同時顯示CH1，CH2兩波形

10.　NORM－INVERT(CH2信號反相開關)

　　NORM：正常顯示

　　CH2 INVER：CH2反相

11.　ADD－ALT－CHOP(顯示模式選擇)

　　ADD：將CH1和CH2兩波形相加，若同時選擇CH2 INVERT(10)，則顯示之波形爲CH1-CH2。

　　ALT：於兩波道交替顯示。第一次掃描CH1，然後於下一次再掃描CH2，如圖2.3，通常觀察較高頻率訊號時，選用此種模式。

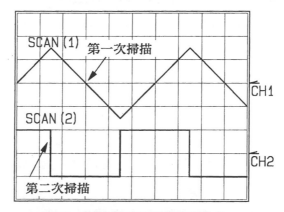

圖2.3　兩波道ALT交替顯示模式

　　CHOP：截波掃描方式，兩波道顯示時，掃描是選擇掃描CH1一段短暫時間後，經由內部高速電子開關控制以切換掃描CH2，即掃描線是高速在CH1，CH2間切換交叉掃描，如圖2.4所示。由於光跡是在兩波道間高速切換，因此看起來仍像是同時顯示兩波形。一般用以觀察較低頻率的兩波道信號。

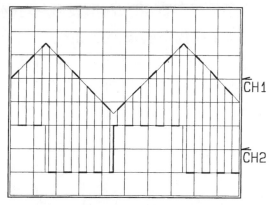

圖**2.4**　兩波道CHOP截波顯示模式

12. VOLT/DIV(垂直增益控制鈕，兩波道相同)用以選擇垂直放大器增益的大小，當開關內部"VAR"旋鈕於CAL位置時，VOLT/DIV之指示值即CRT上每一格(垂直間)所代表之電壓。

13. VAR(CAL)(垂直增益微調)提供連續可調的垂直偏向因數，當在CAL位置，垂直刻度每格電壓，即如12.所指示，若不在CAL位置，則減低增益衰減至少2.5-1倍，連續可調。

14. AC、GND、DC(輸入耦合開關)此開關為CH1及CH2的輸入交連方式切換開關，電路如圖2.5所示。若置於DC位置時，輸入信號直接加至垂直放大器。若置於AC位置，則輸入信號串聯一個隔離直流的電容器後再加至垂直放大器，以阻隔信號的直流位準。若置於GND位置時，垂直放大器的輸入直接接地，此時螢光幕僅有一條水平線，可供校正直流位準之用。

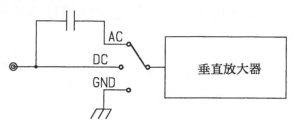

圖**2.5**　AC，DC，GND切換開關

15. CH1 OR (X)，CH2 OR (Y)：CH1的垂直輸入端(或X-Y模式X軸輸入端)與CH2的垂直輸入端(或X-Y模式的Y軸輸入端)。

16. ⇔POSITION(水平位置調整)用來調整波形左右(水平)位置。

17. MAG (X1-X10)(水平掃描擴展)如圖2.6所示。

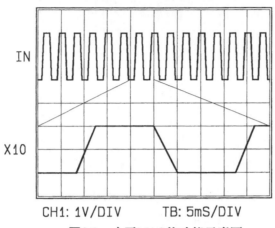

CH1: 1V/DIV　　TB: 5mS/DIV

圖2.6　水平MAG的功能示意圖

X1：掃描時基如 *18.* 所選定。

X10：掃描時基如 *18.* 所選定，乘以1/10。

例如原 *18.* 設定於2mS/DIV，若此開關置於X10處，則實際掃描時基為：

$$2mS / DIV \times \frac{1}{10} = 200uS / DIV$$

18. SEC/DIV(水平時基旋鈕)可控制水平時基之大小(掃描時間的快慢)SEC/DIV之指示值，即為CRT上每一格(水平間格)所代表之時間。當選擇在X－Y操作模式時，CH1為為X軸輸入信號端，CH2為Y軸之信號輸入端。此模式常用來觀察電子電路的轉移曲線或電子元件的特性曲線。

19. VAR (CAL)：提供連續可調的水平時基，當在CAL位置，水平時基每格即為 *18.* 所指示，若不在CAL位置，則可調減低2.5-1倍。

20. PROBE ADJUST(校準電壓輸出端)提供1KHz，0.5V的方波輸出，以校正衰減十倍的測試探棒。

21. ⏚ (接地端)示波器機殼的接地。

22. ⌐ , ⌐ (掃描起始斜率選擇鍵) ⌐ 代表從待測信號正的斜率部份開始掃描。 ⌐ 代表從待測信號負的斜率部份開始掃描。

23. LEVEL (觸發位準旋鈕)調整螢光幕上波形的起始位準,若LEVEL置於 " ＋ " 的一邊,則待測信號的振幅必須較這LEVEL為大才能觸發。若LEVEL 置於"0"的位置時,觸發位準取自待測信號的平均點,亦即起始點從零點開始(假若待測信號是正弦波時),若LEVEL置於 " － " 的一邊,則待測信號的振幅必須較LEVEL為小才能觸發。 假如LEVEL調的太高或太低都可能使波形產生不同步的現象,以致於在CRT上看到的是跑動的波形,因此只要調整LEVEL旋鈕就可使波形穩定。

25. MODE (觸發模式選擇)

    P-P AUTO/TV LINE:觸發信號取自輸入波形,若輸入電視影像信號,則以水平同步信號作為觸發信號。

    NORM:當沒有觸發信號或輸入信號之振幅大小比觸發位準低時,掃描線消失,觸發電路處於待機狀態。

    TV-FIELD:以電視的垂直同步信號作為觸發信號。

    SGL SWEEP:單次掃描觸發,每按下RESET(26)鈕,則觸發一次。

26. RESET:於SGL SWEEP掃描模式時,每按一次,啟動一次掃描,過後又自動進入待機狀態。

27. SOURCE(選擇觸發電路的輸入源)

    CH1:以CH1作觸發源。

    CH2:以CH2作觸發源。

    VERTICAL MODE:根據垂直模式決定,

    (1) CH1:則以CH1作觸發源。

    (2) CH2:則以CH2作為觸發源。

    (3) BOTH-ADD及BOTH-CHOP:以CH1和CH2相加的信號作為觸發源。

  (4) BOTH-ALT：以CH1和CH2交替作為觸發源，即掃描CH1時以CH1作為觸發源而描CH2時以CH2作為觸發源。

  EXT：以外部輸入(EXT端子)作為觸發源。

28. EXT INPUT OR (Z) (外部觸發信號輸入端或Z軸調變訊號輸入端)當水平觸發選擇開關置於EXT時，水平觸發信號即由此端子輸入。

2.2.2　示波器的使用

2.2.2.1　初期軌跡的調整

1. 插上電源，打開開關(注意電源指示燈是否明亮)。
2. 觸發模式開關置於AUTO。
3. 調整INTEN旋鈕至中間位置。
4. 調整水平及垂直POSITION旋鈕，使光跡至中間位置。
5. 調整FOCUS使掃描線聚焦鮮明。
6. 調整INTEN旋鈕使掃描線亮度適當。

2.2.2.2　探針電容及示波器增益的校準：

1. 將探針接在CH1輸入端，尖端勾住PROBE ADJUST的輸出端，並選擇探針上的衰減開關於X10的位置。
2. 按垂直輸入耦合開關於GND，顯示模式選擇開關於CH1，調整垂直位置以定出CRT的零電壓位準參考點，然後按垂直輸入耦合開關於DC處。
3. 調整VOLT/DIV，及SEC/DIV鈕，使CRT顯示易於觀察的方波。
4. 調整探針上的小螺絲，使產生正確的方波。

2.2.2.3　電壓的測量

1. 先將示波器的垂直輸入耦合開關置於GND位置，調整示波器軌跡於某固定參考位置。
2. 將增益可變旋鈕置於CAL位置，VOLT/DIV置於適當位置使波型高度約為5格。

3. 選擇適當的輸入信號做為觸發源，調整觸發位準以祈能觀察到穩定波形。

4. 將水平掃描可變旋鈕置於CAL位置，選擇SEC/DIV開關使CRT至少出現一個以上完整的波形，如圖2.7所示。

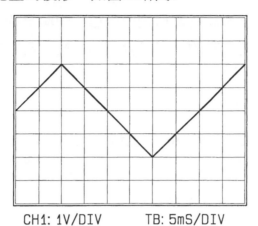

CH1: 1V/DIV　　　　TB: 5mS/DIV

圖2.7　用示波器觀測的三角波波形

5. 計算垂直間的偏向格數以計算電壓。例如圖2.7所示，其峰對峰值電壓約4格，假設VOLT/DIV置於1V/DIV處，則實際電壓為：

   ⑴　若探針為X1之探針，則：

   $$V_{P-P} = 4\ DIV \times 1\ VOLT/DIV$$
   $$= 4\ V$$

   ⑵　若探針為X10之探針，則：

   $$V_{P-P} = 4\ DIV \times 1\ VOLT/DIV \times 10$$
   $$= 40\ V$$

6. 一般測試均將輸入耦合開關AC-GND-DC置於DC處，除非用來觀察含有直流成份的交流信號(如電晶體的集極電壓波形)，希望濾除直流成份，才會選擇AC耦合。

7. 測量電流時，則於待測的電流路徑上插入一小電阻，測試電阻上的電壓以換算電路電流之值。

$$AMP / DIV = \frac{VOLT / DIV}{R}$$

2.2.2.4　週期及頻率的測量

1. 同前一節之調整步驟使波形能明顯穩定的顯示於CRT上。

2. 計算波形重復兩點間的水平格數,則信號的週期為:

$$T = \frac{SEC / DIV之刻度}{MAG之倍率}$$

3. 例如SEC/DIV置於1mS/DIV,而MAG於×1處,測得重復兩點間的格數為4.5格,則週期

$$T = 4.5 \times 1\,mS/DIV = 4.5\,mS$$

而頻率為$f = \frac{1}{T} = \frac{1}{4.5}\,mS = 222\,Hz$

4. 此方法可用來測試兩點間的時間差,以比較此兩信號的相位差。

2.2.2.5　相差及時距的測量

1. 將兩待測信號分別接到CH1及CH2的輸入端,調整VOLT/DIV、SEC/DIV及觸發開關使兩波形清晰穩定的顯示於CRT上,如圖2.8。

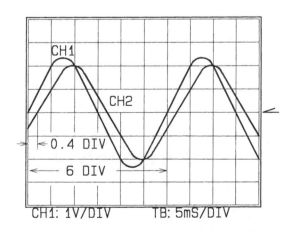

圖2.8　兩輸入同時觀測的波形

2. 選擇CH1或CH2作爲觸發電路的輸入源(請勿以BOTH作爲觸發源，否則無法取得固定的參考相位。

3. 計算兩信號的時間差：

$$Td = 時差之格數 \times \frac{SEC / DIV之刻度}{MAG之倍率}$$

4. 而相位爲：

$$ANG = \frac{Td}{T} \times 360°$$

T：信號的週期

例如圖2.8所示：$Td = 0.4 DIV$，SEC/DIV設定於5mS/DIV，則

$$Td = 0.4 \times 5mS/DIV = 2mS$$
$$T = 6 \times 5mS/DIV = 30mS$$

相位差爲

$$ANG = \frac{2}{30} \times 360 = 24度$$

2.2.2.6　上升時間及下降時間的測量

1. 將待測信號分別接到CH1或CH2的輸入端，調整VOLT/DIV、SEC/DIV及觸發開關使兩波形清淅穩定的顯示於CRT上如圖2.9。

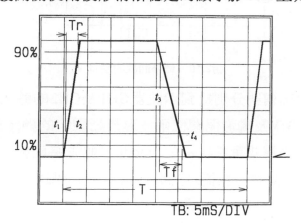

圖2.9　方波的上升時間及下降時間

2. 上升時間(t_r)爲方波電壓自10%上升到90%的時間，而下降時間(t_f)爲電壓自90%下降到10%的時間。

3. 計算兩信號的時間差：

$$t_r = (t_2 - t_1)之格數 \times \frac{SEC/DIV之刻度}{MAG倍率}$$

$$t_f = (t_4 - t_3)之格數 \times \frac{SEC/DIV之刻度}{MAG之倍率}$$

4. 爲了方便決定電壓10%及90%的時間，因此輸入信號垂直高度最好是五格，如此一來10%及90%的時間剛好是0.5格及4.5格，較易計算。因此可以使用垂直增益微調以滿足上述之要求。

2.2.2.7　轉移曲線的測量

1. 如圖2.10所示，將代測電路的輸入接上測試信號(通常爲三角波或正弦波)。

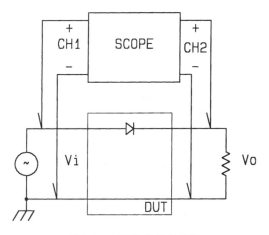

圖2.10　轉移曲線的測量

2. 將輸入及輸出信號分別接到示波器CH1及CH2的輸入端，調整VOLT/DIV、SEC/DIV及觸發開關使兩波形清晰穩定的顯示於CRT上。

3. 將示波器掃描模式選擇在X－Y mode，並先將兩輸入耦合開關設定在接地(GND)，調整示波器之光跡於螢幕中心(歸零調整)。

4. 調整完畢後，將輸入耦合開關重新設定於DC的位置，觀察示波器的波形，此波形即為電路的輸入及輸出特性曲線(轉移曲線)。圖2.11即為半波整流的轉移曲線。

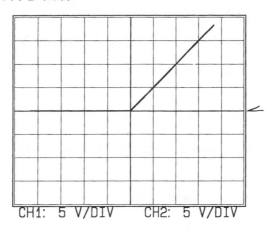

CH1: 5 V/DIV   CH2: 5 V/DIV

圖2.11 半波整流的轉移曲線

2.3 數位貯存示波器

　　以往高價位的數位貯存示波器因數位電子 技術的發展，價格大幅下降，以逐漸取代傳統的類比示波器，目前已有眾多儀器廠家從事製造生產，種類機型也相當多，本書僅以國內知名的儀器大廠-固緯電子實業股份有限公司生產的數位貯存示波器GDS-2000 系列為例作簡單介紹，詳細操作說明，收錄於付錄中。

2.3.1 面板功能

　　圖 2.12 為 GDS2062 /2102 /2202 兩通道示波器的前面板，圖 2.13 為 GDS2064 /2104 /2204 四通道示波器的前面板，各部品的名稱及功能如下：

A　LCD 顯示器：TFT 彩色 LCD 顯示器具有 320×234 的解析度。

B　F1~F5 功能鍵：一組位於顯示器右邊相互關連的功能鍵。

C　Variable 旋鈕：順時針旋轉此鈕為增加數值或移動到下一個參數。反時針旋轉此鈕則減少數值或回到前一個參數。

D　On/Standby 鍵：按一次為開機(亮綠燈)，再按一次為待機狀態(亮紅燈)。

E　主要功能鍵：Acquire 鍵為波形擷取模式。Display 鍵為顯示模式的設定。
　Utility 鍵為系統設定。用於 Go-No Go 測試，列印，與 Hardcopy 鍵並用可
　作數據傳輸和校正。Program 鍵與 Auto test/Stop 鍵並用可用於程式設定，
　和播放。Cursor 鍵為水平與垂直設定的游標。Measure 鍵用於自動測試。
　Help 鍵為操作輔助的說明。Save/Recall 鍵為儲存/讀取 USB 和內部記憶體之
　間的圖像，波形和設定儲存。Auto Set 鍵為自動搜尋信號和設定。Run/Stop
　鍵進行或停止瀏覽的信號。

F　Trigger menu 鍵：觸發信號的設定。

G　Trigger level 旋鈕：設定觸發位置。順時針旋轉為增加刻度，反時針旋轉為
　減少刻度。

H　Horizontal menu 鍵：水平瀏覽信號。

I　Horizontal position 旋鈕：將波形往右(順時針旋轉)移動或往左(反時針旋轉)
　移動。

J　Time/Div 旋鈕：設定水平刻度:順時針旋轉為增加刻度，反時針旋轉為減少
　刻度。

K　Vertical position 旋鈕：將垂直信號向上(順時針旋轉)或向下(反時針旋轉)移動。

L　Channel menu 鍵(Vertical)：開啟或關閉通到波形顯示與垂直功能選單。

M　Volts/Div 旋鈕：選擇每一通道垂直的比例係數。

N　輸入端子：信號輸入的 BNC 連接器。

O　接地端子：連接待測體的接地導線端子。

P　Math 鍵：根據通道的輸入信號執行數學處理。

Q　USB 連接端子：與 1.1/ 2.0 相容的連接端子，用於列印和數據存取。

R　Menu On/Off 鍵：在顯示器上顯示或隱藏功能選單。

S　測棒補償輸出：輸出 2Vpp 的測試棒補償信號。

T　外部觸發輸入：(限兩個通道的機種) 外部觸發信號之輸入接頭。

圖 2.14 為 GDS 2000 系列的後面板，各部品的名稱及功能如下：

A　主 Power 開關：ON / OFF。

B　RS232C 端子：9 pin 公座 RS-232 連接端子。

C　GPIB 插槽：(選購配置) 24 pin 母座 GPIB 連接端子。

D　電池插槽：(選購配置) 11.1V Li-Ion 鋰電池包，充電 8 小時(主電源開關切到 ON 時)/操作 4 小時(依操作情況)。

E　USB Device 連接端子：B 型母座連接端子用於電腦的軟體連接的端子(請注意，此後面板之 USB Device 端子與 USB Host 端子不能同時動作，每次以先插入裝置者為優先，前面板之 USB Host 端子為獨立裝置，不在此限制內)。

F　USB Host 連接端子：A 型 Host 母座端子與 1.1/2.0 相容。功能與前面板的 USB 連接端子相同(請注意，此後面板之 USB Device 端子與 USB Host 端子不能同時動作，每次以先插入裝置者為優先，前面板之 USB Host 端子為獨立裝置，不在此限制內)。

G　Go-NoGo 輸出端子：Go-NoGo 脈波信號輸出。

H　校正輸出端子：GDS-2000 自校信號輸出。

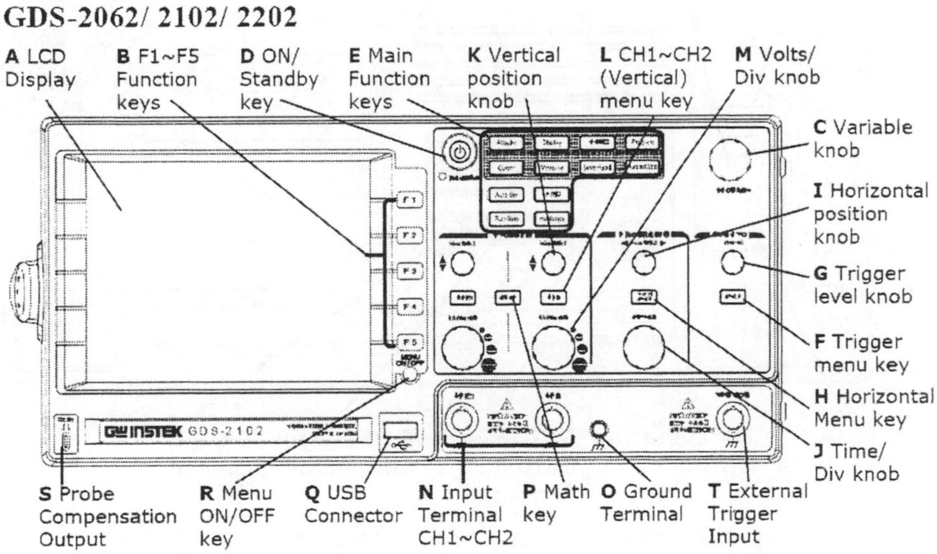

GDS-2062/ 2102/ 2202

圖 **2.12** GDS2062/2102/2202 前面板(固緯電子公司提供)

GDS-2064/2104/2204

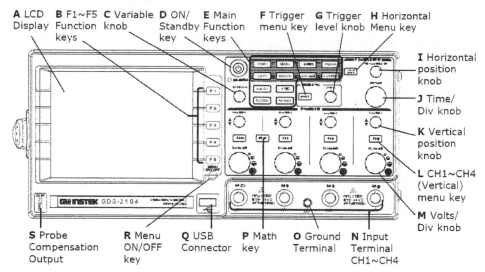

A LCD Display **B** F1~F5 Function keys **C** Variable knob **D** ON/ Standby key **E** Main Function keys **F** Trigger menu key **G** Trigger level knob **H** Horizontal Menu key

I Horizontal position knob

J Time/ Div knob

K Vertical position knob

L CH1~CH4 (Vertical) menu key

M Volts/ Div knob

S Probe Compensation Output **R** Menu ON/OFF key **Q** USB Connector **P** Math key **O** Ground Terminal **N** Input Terminal CH1~CH4

圖 **2.13** GDS2064/2104/2204 前面板(固緯電子公司提供)

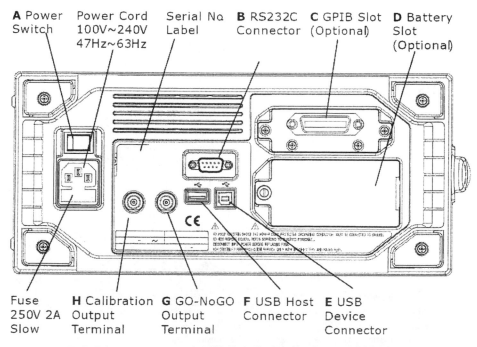

A Power Switch　Power Cord 100V~240V 47Hz~63Hz　Serial No. Label　**B** RS232C Connector　**C** GPIB Slot (Optional)　**D** Battery Slot (Optional)

Fuse 250V 2A Slow　**H** Calibration Output Terminal　**G** GO-NoGO Output Terminal　**F** USB Host Connector　**E** USB Device Connector

圖 **2.14** GDS 2000 系列的後面板(固緯電子公司提供)

第三章
二極體特性

3.1 實習目的

1. 測試二極體的V-I靜態特性曲線
2. 測試二極體V-I動態特性及轉移曲線
3. 了解二極體溫度特性

3.2 相關知識

3.2.1 關於二極體

二極為最基本的半導體元件，將P型半導體與N型半導體利用半導體製造技術，使其結合在一起而成，具有單向傳導電流的特性。圖3.1為一般接面二極體的電路符號及特性曲線。圖3.2為一般常見的二極體外形。圖3.3則為電力用之二極外型。

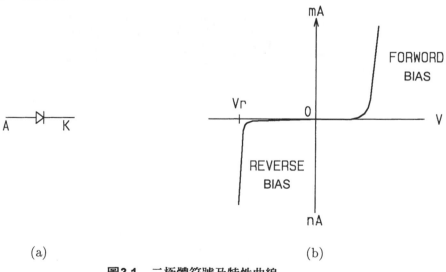

(a)   (b)

圖3.1 二極體符號及特性曲線

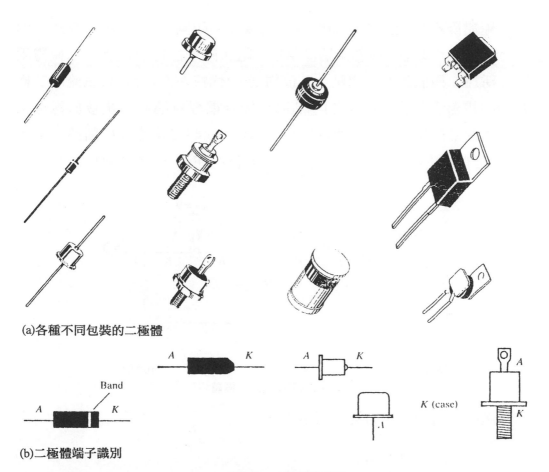

(a)各種不同包裝的二極體

(b)二極體端子識別

圖3.2　二極體的外型

圖3.3　電力用二極體外型

將二極體陽極接上正電壓而陰極接負電壓，如圖3.4(a)所示，稱爲順向偏壓(簡稱順偏)，此時二極體兩端呈現低電阻狀態，能傳導電流，二極體兩端的壓降稱爲二極體的順向電壓，其值約爲0.7伏特左右(對於大電流的二極體，其順向電壓有高到1～3V者)，若陽極接至電源負端而陰極接於電源正端，則稱爲逆向偏壓或反向偏壓(逆偏或反偏)，此時二極體有如斷路，電流幾乎爲零(僅有極少的反向飽和電流流過，其值約在uA～nA之間)。

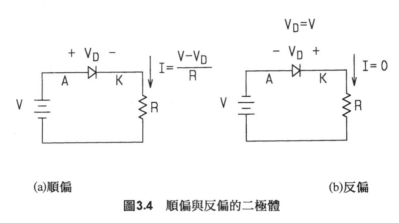

(a)順偏　　　　　　　　　　　　　　　(b)反偏

圖3.4　順偏與反偏的二極體

二極體的電流可以下方程式表示：

$$I_D = I_S \left(1 - e^{\frac{V_D}{nV_T}} \right) \tag{3.1}$$

I_S稱爲二極體的反向飽和電流或標度電流，V_D則爲跨於二極體兩端的電壓，順偏時爲正，逆偏時爲負值。V_T稱爲溫度伏特當量，其可表示如下：

$$V_T = \frac{KT}{q} \tag{3.2}$$

式中K　　K：波茲曼常數 $= 1.38 \times 10^{-23} \dfrac{J}{°K}$

$\qquad\quad T$：凱氏溫度 $= 273.2 + $ 攝氏溫度

$\qquad\quad q$：電子的電荷 $= 1.602 \times 10^{-19}$ 庫倫

於常溫下V_T約爲25mV。而n則介於1～2之間。

由於I_S與V_T兩者均爲溫度的函數，順偏二極體的V-I特性會隨溫度而改變，在某一定電流下，二極體的順向壓降將隨溫度升高而降低，大約是每上升1℃，則電壓約減少2mV，其特性如圖3.5所示。

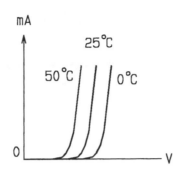

圖3.5 二極的V−I特性與溫度之關係

逆偏的二極體，其電流約爲I_s，此值在溫度每上升10℃，則約略增加一倍。

3.2.2 二極體的大信號模型

二極體V-I特性，除了3.1式的指數型式之外，爲了節省分析時間，經常我們會使用較簡易的模型。在反偏時，通常V_D遠大於V_T，因此反偏時大都假設二極體電流爲零，即相當於把二極體當成斷路。而順偏則有三種常用的模型：

1. 以電源串聯電阻表示，如圖3.6所示，(a)圖爲其等效電路，而(b)圖則爲其特性曲線(黑粗的直線部份)，V_D約爲0.65V，而R_D則在數歐姆到數十歐姆的範圍。

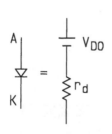

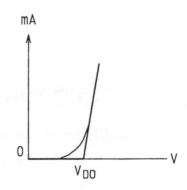

(a)等效電路   (b)特性曲線

圖3.6 以電壓源串聯電阻表示的二極體的近似模型

2.　以二極體順向壓降表示，此電壓約爲0.7V，如圖3.7所示。

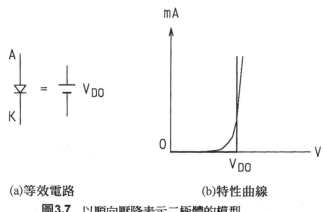

(a)等效電路　　　　　　(b)特性曲線

圖3.7　以順向壓降表示二極體的模型

3.　當作理想二極體，此模型即當順偏時，假設二極體兩端視同短路而反偏則視同斷路，如圖3.8所示。

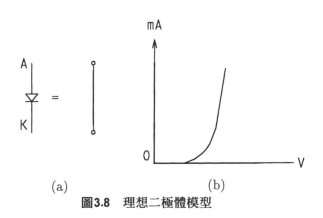

(a)　　　　　　　　(b)

圖3.8　理想二極體模型

3.2.3　二極體的小信號模型

此模型即用來分析二極體在順偏之下，重疊加有交流變量時，二極體對變量的等效電路，此種分析經常用來評估二極體當成隱壓器時的穩壓效果。如圖3.9所示，V_D提供二極體的順向偏壓，而$v_d(t)$表示二極體上變化的小信號電壓。爲了方便起見我們對於慣用的符號先作以下定義：

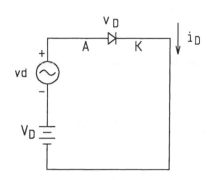

圖3.9 二極體加有交流變量的情形

I_D, V_D：二極體的直流電流及電壓

i_d, v_d：二極體的變量電流及電壓

i_D, v_D：二極體的總電流及總電壓

即

$$i_D = I_D + i_d$$

$$v_D = V_D + v_d$$

因此二極體的總電流為

$$i_D = I_S \times e^{\frac{v_D}{nV_T}}$$

$$I_D + i_d = I_S \times e^{\frac{(V_D + v_d)}{nV_T}}$$

$$= I_S \left(e^{\frac{V_D}{nV_T}}\right) \left(e^{\frac{v_d}{nV_T}}\right)$$

利用泰勒展開將 $e^{\frac{v_d}{nV_T}}$ 展開成多項得：

$$e^{\frac{v_d}{nV_T}} = 1 + \frac{v_d}{nV_T} + \frac{1}{2}\left(\frac{v_d}{nV_T}\right)^2 + \cdots\cdots$$

因 $\frac{v_d}{nV_T} \ll 1$，故將高次項省略而得：

$$I_D + i_d = I_S\left(e^{\frac{V_D}{nV_T}}\right)\left(1 + \frac{v_d}{nV_T}\right) = I_D\left(1 + \frac{v_D}{nV_T}\right)$$

故

$$i_d = I_D \left(\frac{v_d}{nV_T} \right)$$

$$r_d = \frac{v_d}{i_d} = \frac{nV_T}{I_D}$$

r_d稱為二極體的小信號電阻或稱為增量電阻。此即為二極體在順偏之下對於小信號交流電壓的等效電路。

3.2.4　二極體小信號的分析

順偏下的二極體若同時存在有小信號交流電壓，如圖3.10(a)所示，則其分析如下：

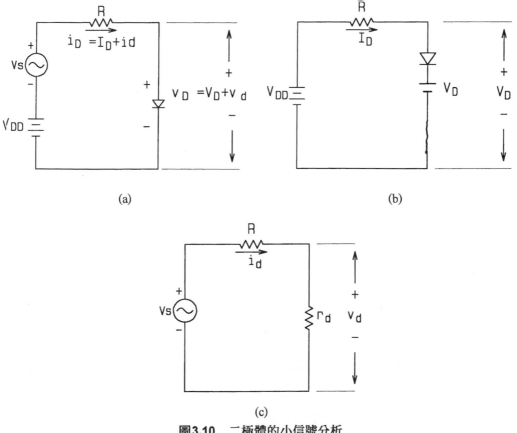

(a)　　　　　　　　　　　　(b)

(c)

圖3.10　二極體的小信號分析

利用重疊原理，可將二極體電路分解成為直流偏壓部份及交流小信號部份，然後分別以二極體的大信號(直流)模型及小信號(交流)模型取代電路中的二極體，再進行電路分析。例如於圖3.10(a)中，二極體的直流模型我們則以一順向壓降取代，如圖3.10(b)所示，故

$$I_D = \frac{V_{DD} - V_D}{R} \tag{3.4}$$

由I_D可求得二極體增量電阻$r_d = \dfrac{nV_T}{I_D}$

因可得此小信號等效電路。如圖3.10(c)所示，二極體的總電壓及總電流則是將圖3.10(b)及3.10(c)之電壓及電流分別相加即可。

故二極體交流分析步驟可摘要如下：

1. 重繪二極的直流及交流等效電路(順偏二極體通常假設其$V_D = 0.7$)。

2. 從直流等效電路求得二極體直流電流I_D。

3. 由I_D計算二極體的增量電阻$r_d = \dfrac{nV_T}{I_D}$並代入小信號等效電路中。

4. 分析小信號電壓及電流，二極體小信號電壓$v_d = i_d \times r_d$。

例3.1 考慮圖3.11中所示之電路在R＝10K下之情形，電源供應器具有直流值10V，其上載有一個120Hz，±1V峰值振幅之三角波(此為電源供應器的漣波)。試計算二極體兩端的電壓及電流。假設二極體的$n = 2$。

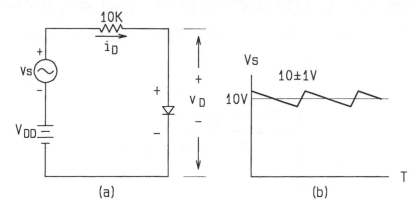

圖3.11　非理想電源下的二極體電壓及電流

解：首先只考慮直流量，我們設 $V_D = 0.7\mathrm{V}$ 並計算二極體直流電流如下：

$$I_D = \frac{(10 - 0.7)}{10\mathrm{K}} = 0.93\,\mathrm{mA}$$

$$r_d = \frac{nV_T}{I_D} = \frac{2 \times 25}{0.93} = 53.8\,\Omega$$

跨在二極體上之峰對峰信號電流為

$$i_d = \frac{2\mathrm{V}}{10\mathrm{K} + 53.8} = 0.199\,\mathrm{mA}$$

而電壓可以利用分壓原理如下求得：

$$v_d = V_s \frac{r_d}{R + r_d} \quad \text{（峰對峰值）}$$

$$= 2\frac{53.8}{10\mathrm{K} + 53.8} = 10.7\,\mathrm{mV}$$

或

$$v_d = i_d \times r_d = 0.199 \times 53.8 = 10.7\,\mathrm{mV}$$

　　因此跨在二極體上之漣波信號振幅為5.35mV。此值非常小，正好符合我們使用二極體小信號模型之限制。

　　而二極體二端之電壓為0.7V的直流值加±5.35mV峰值的脈動電壓。而電流則為0.93mA的直流值加上±0.099mA峰值的脈動電流。如圖3.12所示。

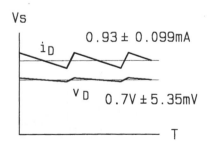

圖3.12　圖3.11的電壓及電流波形

3.2.5　二極體規格表

　　製造廠商將其元件的詳細資料列於規格表中,以作爲應用方面的參考,典型的規格包括有最大額定,電氣特性,機械特性及可變參數的特性圖,表3.1列出某系列整流二極體(1N4001-1N4007)的最大額定,此爲二極體最大安全值,超過此值將破壞元件,爲了提高可靠度及壽命,二極體總是操作在最大額定之下,通常最大額定乃指在25℃時的操作情形,較高的溫度,需減低其額定值。

　　表3.1整流二極體(1N4001-1N4007)的最大額定。

表3.1　二極體的最大額定

額　　　定	符號	IN4001	IN4002	IN4003	IN4004	IN4005	IN4006	UB4007	單位
逆向最大連續峰值電壓 工件峰值逆向電壓 直流阻檔電壓	V_{RRM} V_{RWM} V_R	50	100	200	400	600	800	1000	V
非連續逆向峰值電壓	V_{RSM}	60	120	240	480	720	1000	1200	V
平均順向電流(單相電阻性負載,60Hz,$T_A=75$℃)	I_O	1							A
非連續性最大突波電流(突波在額定負載下加入)	I_{FSM}	30(1週)							A
操作及儲存接面溫度範圍	T_O, T_{stg}	$-65+175$							℃

表3.1的部份參數說明如下:

　　V_{RRM}　跨於二極體的最大連續逆向峰值電壓,在此情況,1N4001爲50V而1N4007 爲1000V,此與PIV值相同。

　　V_R　　跨於二極體的最大逆向直流電壓。

　　V_{RSM}　跨於二極體的最大非連續性逆向峰值電壓。

　　I_O　　用於60Hz全波整流器的最大平均順向電流。

　　I_{FSM}　非重複性(1週)最大峰值順向電流。

　　圖3.13爲25℃及175℃時超過1週的非重複性電流的額定,虛線表示發生元件失效的額定。請注意:在最低的實線上,十週的電流額定爲15A而一週的額定電流值卻爲30A。

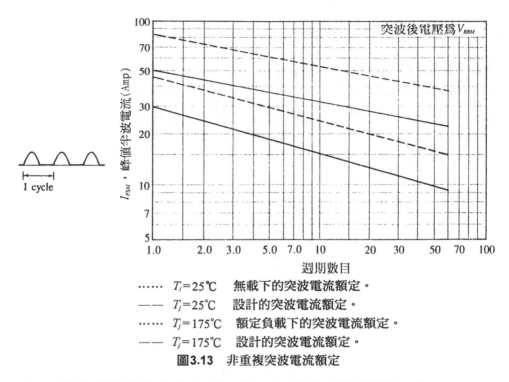

‥‥‥　T_i=25℃　無載下的突波電流額定。
——　T_j=25℃　設計的突波電流額定。
‥‥‥　T_j=175℃　額定負載下的突波電流額定。
——　T_j=175℃　設計的突波電流額定。

圖3.13　非重複突波電流額定

表3.2為典型電氣特性最大額定值，各部份參數說明如下：

表3.2　二極體的電氣特性表

特性及使用狀況	符號	典型值	最大值	單位
最大瞬時電壓降 (i_F=1A，T_j=25℃)	V_F	0.93	1.1	V
最大全週平均順向壓降 (I_o=1A，T_L=75℃，1″導線)	$V_{F(AVG)}$	—	0.8	V
最大逆向電流(額定直流電壓) T_j=25℃ T_j=100℃	I_R	0.05 1.0	10.0 50.0	μA
最大全週平均逆向電流 (I_o=1A，T_L=75℃，1″導線)	$I_{R(AVG)}$	—	30.0	μA

V_F　　於25℃時順向偏壓二極體流過1A電流，二極體瞬時順向電壓。

$V_{F(AVG)}$　一週平均最大順向二極體壓降。

I_R　　額定直流電壓下，二極體的最大逆向電流。

$I_{R(AVG)}$　二極體一週內平均最大逆向電流(由AC電壓反偏)。

　　圖3.14所示為順向壓降與順向電流的關係。這些二極體機械方面的特性，其典型值列於圖3.15中。

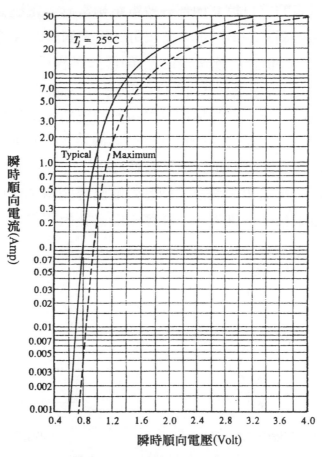

圖3.14　順向電壓與電流特性曲線

DIM	Millimeters		Inches	
	Min	Max	Min	Max
A	5.97	6.60	0.235	0.260
B	2.79	3.05	0.110	0.120
D	0.76	0.86	0.030	0.034
K	27.94	—	1.100	—

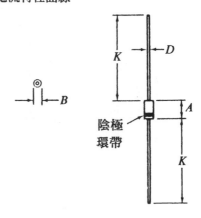

圖3.15　機械特性表

3.2.6　二極體的測試

　　類比式三用電表的電阻檔其內部等效電路相當於一電壓源串聯一電阻及電流表，等效電路如圖3.16(a)所示，要使用三用表測試二極體時，電表轉至R×1檔，電表的黑棒(相於內部電池的正端)接於二極體的陽極，而紅棒(相當於內部電池的負端)接於陰極，如圖3.16(b)所示，此相當於二極體順偏的情形，指針將會偏轉。反之若紅棒接於二極體的正端，黑棒接於二極體的負端，則相當二極體加上反偏，此時指針將不會偏轉，將電阻檔轉到R×10或R×1K，其結果仍為不偏轉，此表示二極體為好的。若是測試時，二極體兩方向測試均呈現高阻抗現象，表示二極體兩端已經開路了，反之若二極體兩方向測試均為低電阻情形，則表示二極體兩端已經短路了。

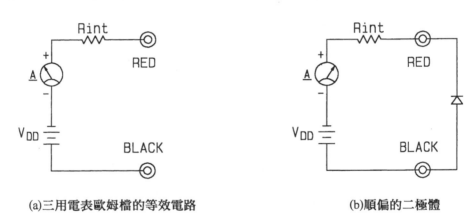

(a)三用電表歐姆檔的等效電路　　　　　　　(b)順偏的二極體

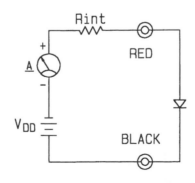

(c)反偏的二極體

圖3.16　使用三用電表試測二極體

　　數位式電表亦可用來測試二極體，唯有大部份數位式電表，內部電池正端是接到紅棒，而負端爲黑棒，因此在判定二極體的極性時，須特別注意！一般的整流二極體即使使用R×10K檔去測試，其電阻亦呈現無限大，唯若待測的二極體爲較低崩潰電壓的稽納二極體，則可能在在R×1K以下的檔測試時電阻爲無限大，而在R×10K檔則呈現有電阻值，此乃由於在R×10K檔時，電表內部的電池爲12V(在R×1K以下電阻檔，其內部電池電壓爲3V)，若二極體的稽納電壓小於12V，則二極體崩潰，因而會有上述的現象。

3.3　實習項目：

材料表：

1. 電阻　　1KΩ×1
2. 二極體　1N4004×1，1N4148×1，ZD5V。

工作一　以三用電表測試二極體

實驗目的：以三用電表判定二極體的好壞。

實驗步驟：(1)取二極體1N4004，以三用電表之歐姆檔分則測試其電阻值，
　　　　　　　並將其測試結果填於表3.3中。

表3.3　利用三用電表測試二極體結果

元件		1N4004(4001)		1N4148		ZD15V	
偏壓		順偏	反偏	順偏	反偏	順偏	反偏
指針電表	Rx1						
	Rx10						
	Rx1K(10K)						
數位電表	Rx1						
	Rx10						
	二極體						

(2)更換不同的二極體，重作(1)之各項測試。

(3)依據上述測試結果，判定二極體的好壞。

工作二　二極體靜態特性測試

實驗目的：以三用電表測試二極體電壓-電流特性曲線。

實驗步驟：(1)如圖3.17接線，先將電源供應器電壓調整為零，取二極體
　　　　　　1N4148接於A，B兩端點之間，注意二極體極性以使其呈現順
　　　　　　偏情形。(二極體端點有作記號者為陰極)。

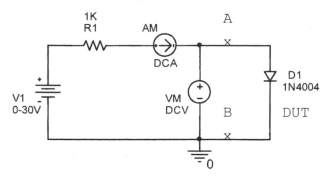

圖3.17　二極體靜態測試電路

(2)逐漸調整電源供器之電壓，並記錄其電壓及電流值於表3.4
中。

表3.4　順偏二極體靜態測試結果

	1N4004	1N4148	ZD15V
0.1mA			
0.2mA			
0.5mA			
1mA			
3mA			
5mA			
10mA			

(3)更換不同元作，重作(2)之實驗。

(4)將二極體極性反接，重複上面(2)，(3)之各項實驗，並將其結果
記錄於表3.5中。

表 3.5   反偏二極體靜態測試結果

	1N4004	1N4148	ZD15V
5v			
10V			
14.5V			
15V			
15.5V			
20V			
25V			
30V			

⑸ 利用表 3.4 及表 3.5 的測試結果，繪製二極體靜態電壓-電流特性曲線
於圖 3.18 中，請注意表中順偏及反偏時電壓刻度不必相同。

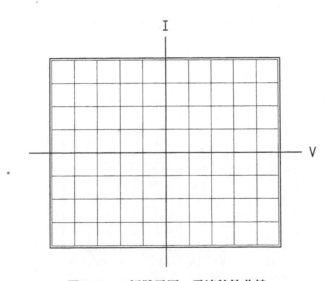

圖3.18   二極體電壓—電流特性曲線

工作三   利用示波器測試特性曲線

實驗目的：以示波器及信號產生器測試二極體電壓-電流特性曲線。

實驗步驟：⑴如圖3.19之接線，二極體使用1N4004。示波器CH1測量爲V_D之
波形，而CH2所測量的爲$i_D \times R$波形之負值(注意示波器測試棒

的極性相反了！)，爲了與實際配合，此時應將CH2選擇“反相”(INVERT)以祈能觀測實際之二極體電流。將CH2之讀值除以R之電阻值，即爲二極體之電流值。以此測試爲例，CH2每伏特之讀值，即相當於1mA之二極體電流。觀察測試波形並將其結果記錄於圖3.20中。

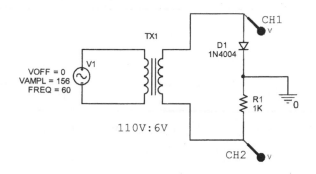

圖3.19　利用示波器測試二極體電壓及電流

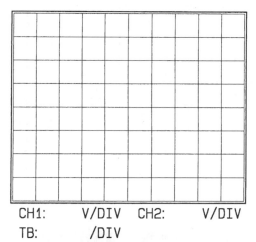

CH1:　　　V/DIV　CH2:　　　V/DIV
TB:　　　/DIV
DIODE: 1N4004

圖3.20　二極體電壓及電流之波形

⑵將示波器掃描模式選擇在X-Y mode，並先將兩輸入耦合開關設定在接地(GND)，調整示波器之光跡於螢幕中心(歸零調整)。

⑶調整完畢後，將輸入耦合開關重新設定於DC的位置，觀察示波器的波形，並將其結果繪於圖3.21中，此波形即為二極體電壓-電流特性曲線。

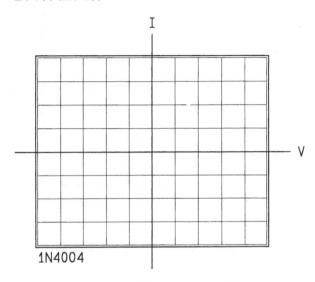

圖3.21 二極體的電壓-電流特性曲線

⑷將二極體更換其它編號之元件，如 1N4148, ZD5V 等。重作⑶之實驗，並將其結果繪於圖 3.22， 圖 3.23 中。

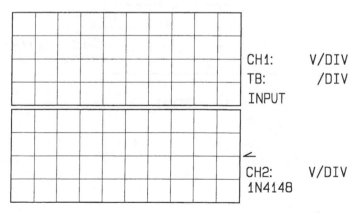

圖3.22 (a)

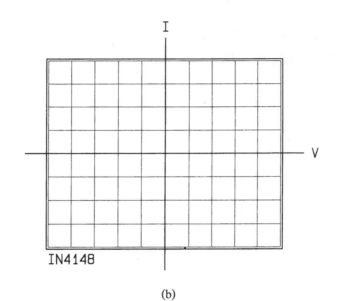

(b)

圖3.22　1N4148二極體的電壓-電流特性曲線

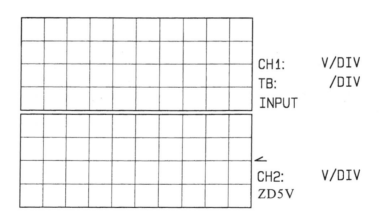

圖3.23　(a)

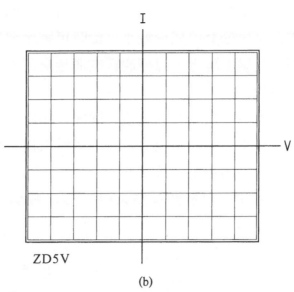

(b)

圖3.23　ZD5V 二極體的電壓-電流特性曲線

工作四　二極體小信號分析

實驗目的： 瞭解如何測得二極體之小信號等效電路及做小信號分析。

實驗步驟： ⑴如圖 3.24 之接線，利用電流表測試二極體的直流電流。

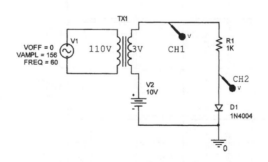

圖3.24　二極體小信號測試

⑵示波器之 CH1 輸入耦合選擇 DC 模式，觀測輸出電壓

⑶示波器CH2輸入耦合選擇DC模式，觀察二極體兩端之波形。此為二極體兩端的總電壓。

⑷將CH2之輸入耦合選擇AC模式，此時二極體兩端的直流成份將被示波器的輸入耦合電容濾除，而僅觀測到二極體兩端的交流成份。由於交流成份較小，此時可將示波器的垂直放大旋鈕轉到較高靈敏度處，以便觀察較清楚交流電壓成份，並將其結果記錄於圖3.25。

⑸將二極體與電阻位置對調後，同⑶，⑷之測試步驟，以觀察電阻上的電壓。將電阻上的電壓除以電阻值可換算流經二極體的電流，並將結果記錄於圖3.25。

⑹對於二極體小信號測試結果與3.2.3之數學模型分析的結果作比較。

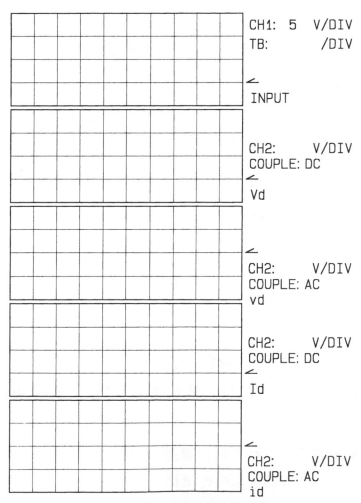

圖3.25　二極體兩端之交流電壓及電流

3.4 電路模擬

本節中將以Pspice模擬軟體來分析電路的特性，使電路模型分析的結果與實際電路實驗有一對照。

3.4.1 二極體 V-I 特性曲線電路模擬

如圖3-26所示，各元件分別在eva1.slb，source.slb 及 analog.slb，選擇DC Sweep分析，設定VCC為掃描變數，VCC自0.01V掃描到10V，增量為0.01V，圖3-27為二極體 V-I 特性曲線模擬結果。

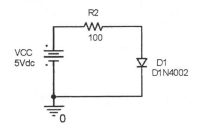

圖 3-26 二極體 V-I 特性曲線模擬電路

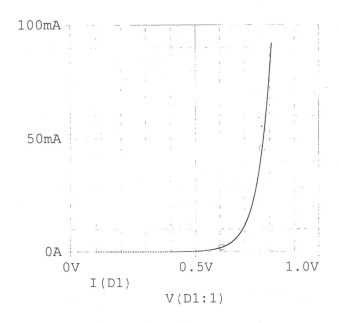

圖 3-27 為二極體 V-I 特性曲線

3.4.2 二極體小信號分析電路模擬

　　如圖3-28所示，，各元件分別在eva1.slb，source.slb 及 analog.slb，選擇 Time Domain 分析，記錄時間自 0 到 50ms，最大分析時間間隔為0.01ms。圖 3-29 為二極體小信號分析模擬結果，圖中所示分別為二極體的電壓及電流。

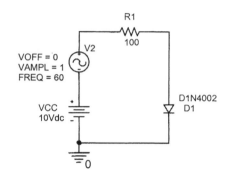

圖 3-28　二極體小信號分析電路

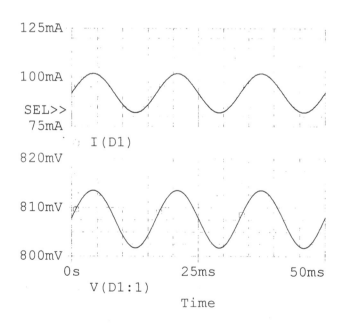

圖 3-29　為二極體小信號分析模擬結果

3.5　問題討論

1. 如何區別矽二極體與鍺二極體？
2. 一般整流二極體與開關二極體在外觀有何差別？
3. 如何利用三用電表以判定二極體之好壞？
4. 如何利用三用電表以判定低壓的稽納二極體？
5. 從示波器測得的二極體電壓及電流波形如何判別何者為稽納二極體，又如何測得其稽納電壓？
6. 溫度對二極體有何影響？

第四章
整流與濾波

4.1 實習目的

1. 了解半波、全波及橋式整流的特性。
2. 了解電容濾波、RC濾波、π型濾波的特性。
3. 了解漣波與濾波電容的關係。
4. 了解漣波與負載的關係。

4.2 相關知識

　　整流電路為二極體的重要應用之一，二極體整流器提供將交流電轉換成直流的功能。圖4.1所示為一個直流電源供應器之方塊圖，電源供應器由110V，60Hz之交流電源供電，經電源變壓器將110V交流電壓降壓至某特定交流電壓。例如，一個直流5V之輸出通常需要一個$8V_{rms}$次級電壓的變壓器。

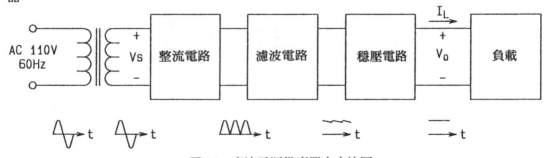

圖4.1 直流電源供應器之方塊圖

　　除了提供適當的二次側交流電壓給直流電源供應器以外，電源變壓器還提供電子設備和電源電路之間的電氣隔離，以避免使用者遭受電擊之危險。

　　二極體整流器將輸入正弦波V_s轉換為單一極性之輸出，此輸出為脈動直流，含有大量之漣波，並不適用於電子設備。因此經由濾波電路，以濾除漣波，提供較平滑的直流電源。對於大多數的電子設備而言，其電源的要求均需要穩定不變，因此再經由穩壓電路以供應純粹的直流電給負載。

4.2.1　半波整流電路

　　最簡單的整流電路為單相半波整流電路，圖4.2為其電路圖，當正半週時，電源上端為正，二極體順偏導通，電源經二極體連接負載兩端，因此負載電壓為：

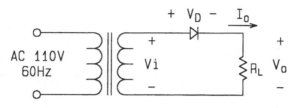

圖4.2　單相半波整流

$$V_O = V_i - V_D \tag{4.1}$$

　　忽略二極體壓降，則負載電壓可視為電源電壓。在負半週時，電源極性反向，二極體反偏，不再有電流流經負載，因此負載電壓為零。其負載電壓與電流如圖4.3所示。

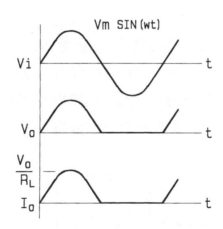

圖4.3　單相半波整流的輸出波形

整流後的直流電壓其平均值為：

$$V_{avg(半)} = \frac{1}{2\pi} \int_0^\pi V_m \sin\omega t\, d\omega t$$

$$= \frac{V_m}{2\pi} \left. (-\cos\omega t) \right]_0^\pi$$

$$= \frac{V_m}{\pi} = 0.318 V_m \tag{4.2}$$

對交流而言，我們所標稱的電壓為有效值，最大值為有效值的$\sqrt{2}$倍，因此

$$V_{avg(半)} = 0.318 \times \sqrt{2} \times V_{rms}$$

$$= 0.45 V_{rms} \tag{4.3}$$

由於每個週期內僅有正半週輸出，故其脈動直流的頻率與電源頻率相同。二極體反偏時，需承受V_m的逆向電壓，因此二極體的耐電壓需在V_m以上。

4.2.2　全波整流

　　半波整流電路雖然簡單，然而由於漣波大，濾波不易，整流效率低且變壓器流有直流電流，因此除了供應小電流的負載外甚少使用，一般電源整流均使用全波整流電路。

　　圖4.4為單相全波整流電路(變壓器中心抽頭方式全波整流器)，當輸入電源為正半週時，變壓器二次側上端為正電壓，二極體D1導通，電流自變壓器A點流出，經二極體D1及R_L回到C點，如圖4.5(a)所示。而二極體D2因承受二倍V_m的反偏而關閉。負半週時，變壓器下端(B點)為正，二極體D2導通，電流自變壓器B點流出，經D2及R_L回到C點，如圖4.5(b)所示。因此，負載端的電壓極性在正負半週均為上端為正(單向流通)，故可得脈動直流，其電壓輸出波形如圖4.6所示。其電壓的平均值為：

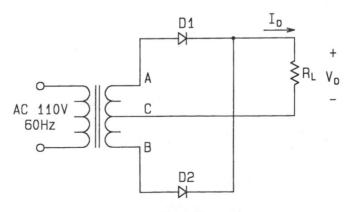

圖4.4　中心抽頭方式的全波整流

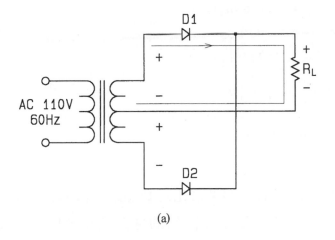

(a)

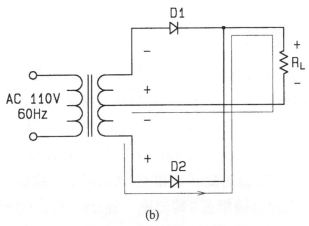

(b)

圖4.5　中心抽頭方式的全波整流電路的電流路徑

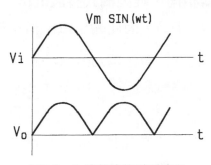

圖4.6　全波整流的電壓波形

$$V_{arg(全)} = \frac{1}{\pi} \int_0^\pi V_m \sin\omega t d\omega t$$

$$= \frac{V_m}{\pi} (-\cos\omega t) \Big]_0^\pi$$

$$= \frac{2V_m}{\pi} = 0.636 V_m \tag{4.4}$$

$$= 0.636 \times \sqrt{2} V_{rms}$$

$$= 0.9 V_{rms} \tag{4.5}$$

　　由於每個半週均為有一個波形出現負載端，故其漣波頻率為電源的二倍的。而反偏中的二極體需要承受兩倍的逆向電壓，因此二極體耐壓需大於 $2V_m$。

4.2.3　橋式整流

　　中心抽頭方式的全波整流電路，由於需要用到兩組的二次線圈，且二極體耐壓需為輸出電壓峰值的兩倍。有一種橋式接法可使用單組線圈及較低的二極體耐壓，得到全波整流的輸出，如圖4.7所示，當正半週時D1及D4導通，電流自變壓器A端流出，經二極體D1，R_L，D4到變壓器B端。負載上方為正，此時D2及D3因反偏而關閉，如圖4.8(a)所示之路線。當負半週時二極體D2及D3導通，電流自變壓器B端流出，經D3，R_L，D2回到變壓器A端，負載上端仍為正，因此可於負載兩端得到全波整流輸出。其波形與圖4.6之中心抽頭方式全波整流器相同，唯因橋式整流電路，整流路徑需同時流經過兩個二極體(D1、D4或D2、D3)，因此輸出電壓稍小於中心抽頭方式。

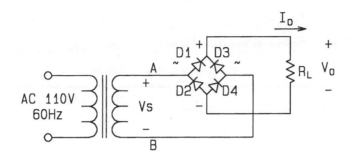

(a)

(b)

圖4.7　橋式全波整流電路

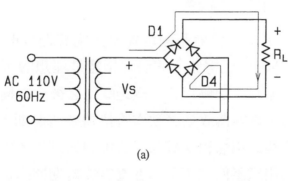

(a)

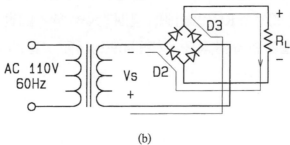

(b)

圖4.8　橋式全波整流電路的電流路徑

　　橋式全波整流器的輸出電壓仍為方程式4.4及4.5式，漣波頻率亦為電源頻率的兩倍。而二極體耐壓僅需V_m即可。

　　前三種整流特性列於表4.1中。

表4.1　各種單項整流電路比較

型　　式	半波整流	變壓器中心抽頭方式全波整流	橋式整流
波　　形	⌒⌒	⌒⌒⌒	⌒⌒⌒
輸出電壓	$0.318V_m$	$0.637V_m$	$0.637V_m$
	$0.45V_{rms}$	$0.9V_{rms}$	$0.9V_{rms}$
漣波頻率	fs	2fs	2fs
二極體耐壓	V_m	$2V_m$	V_m
有電容濾波器時二極體耐壓	$2V_m$	$2V_m$	V_m

4.2.4　電容濾波電路

　　經整流後的直流，可於負載兩端並聯大電容器以改善漣波電壓，如圖4.9(a)所示為半波整流濾波電路。假設二極體是理想的，對一正弦波輸入而言，電容器可充電至輸入之峰值V_P。經過峰值之後，二極體關閉且電容器經負載電阻R_L而放電。電容器放電之動作將持續整個週期，直到V_i再度超過電容器電壓為止。之後二極體再次導通，將電容充到V_i之峰值。此過程將一再重複。為了維持輸出電壓使其不至於在電容放電期間降低太多，我們必須選取一個C值使得時間常數RC比電源的週期T大得多。因此，輸出電壓在整個放電期間內，電壓不會降得太多，如圖4.9(b)所示。電路分析如下：

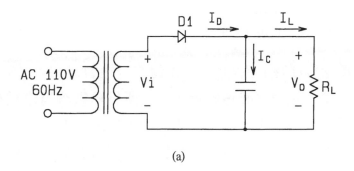

(a)

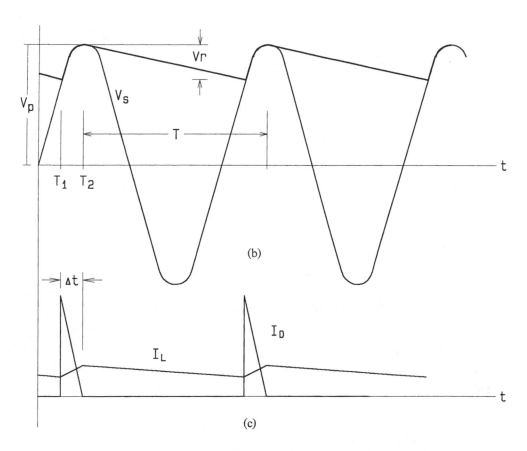

(b)

(c)

圖4.9 電容器濾波電路

$$I_L = \frac{V_o}{R} \tag{4.6}$$

二極體之電流

$$I_D = I_C + I_L = C \times \left(\frac{dV_i}{dt}\right) + I_L \tag{4.7}$$

1. 當輸入電壓於t1時，$V_i > V_o$，二極體在一短暫時段△t內導通，導通時間極靠近輸入弦波之峰值附近，同時所供給電容器之電荷等於在放電時段內所損失的電荷。放電時間大約等於週期T。

2. 導通狀況終止於t2，大約在V_i之峰值之後極短暫之時刻。

3. 在二極體關閉時段內，電容器C經R放電，因此V_o以時間常數RC而指數遞減下來。放電時段幾乎開始於V_i之峰值處。在放電時段結束時(該放電時段持續大約整個週期T)。

$$V_o = V_p - V_r$$

，其中V_r爲漣波電壓之峰對峰值。當RC>>T時，V_r之值將極小，且電容器電壓幾乎是直線下降的。

4. 當V_r極小時，V_o幾乎是常數且等於V_i之峰值。因此直流輸出電壓大約爲V_p。同理，電流I_L也幾乎是常數，且其直流成份I_L是由下式來給定

$$I_L = \frac{V_p}{R} \tag{4.8}$$

輸出直流電壓之更準確表示式爲：

$$V_o = V_p - \left(\frac{V_r}{2}\right) \tag{4.9}$$

在二極體關閉之時段內，V_o爲：

$$V_o = V_P \times \exp\left(\frac{-t}{RC}\right) \tag{4.10}$$

在放電時段結束時，我們可以得到

$$V_p - V_r = V_P \times \exp\frac{-t}{RC} \tag{4.11}$$

現在由於RC>>T，我們可以利用近似式 $\exp\left(\dfrac{-T}{RC}\right)=1-\dfrac{T}{RC}$ 而獲得

$$V_r = V_p \times \left(\frac{T}{RC}\right) = V_p \frac{1}{f \times C \times R} \tag{4.12}$$

故 V_r 之峰值之值為

$$V_r(p) = \frac{\left(\dfrac{V_p}{2}\right)}{60 \times C \times R}$$

$$= 0.00833 \times \frac{V_p}{(R \times C)} \tag{4.13}$$

而 V_r 之有效值(V_r 相當於三角波，有效值為峰值的 $\dfrac{1}{\sqrt{3}}$)為：

$$V_{r,\,rms} = \frac{V_r(p)}{\sqrt{3}} = 0.0048\,\frac{V_p}{RC} \tag{4.14}$$

利用圖4.9(b)並假設二極體之導通狀態幾乎在 V_i 之峰值處停止，則可以利用下式決定導通時間△t

$$V_p \times \cos(\omega \Delta t) = V_p - V_r$$

其中 $\omega = 2\pi f$ 為 V_i 之角頻率。由於 $(\omega \Delta t)$ 為一小角度，我們可以採用近似式

$$\cos(\omega \Delta t) \sim 1 - \frac{1}{2}(\omega \Delta t)^2$$ 以獲得下式

$$\omega \Delta t \sim \sqrt{\left(\frac{2V_r}{V_p}\right)} \tag{4.15}$$

為決定導通期間之二極體平均電流 i_{Dav}，我們令二極體提供給電容器之電量為

$$Qsupplied = i_{Cav}\Delta t$$

等於在放電期間電容器所損失之電量，

$$Q_{lost} = C \times V_r$$

$$i_{cav} = \frac{CV_r}{\Delta t} = \frac{C \times \left(\dfrac{V_p}{fCR}\right)}{\dfrac{\sqrt{\left(\dfrac{2V_r}{V_p}\right)}}{\omega}}$$

$$= C \times \left(\frac{V_p}{R}\right) \times \frac{2\pi f}{Cf} \sqrt{\left(\frac{V_p}{2V_r}\right)}$$

$$= I_L \pi \times \sqrt{\left(\frac{2V_p}{V_r}\right)}$$

$$I_{Dav} = i_L + i_{cav}$$

$$I_{Dav} = i_L \left(1 + \pi \sqrt{\left(\frac{2V_p}{V_r}\right)}\right) \tag{4.16}$$

二極體的峰值電流為

$$i_{D,\ max} = I_L \left(1 + 2\pi \sqrt{\left(\frac{2V_p}{V_r}\right)}\right) \tag{4.17}$$

全波整流時的分析與上面分析相同,唯因每個週期內有二個半波輸出,因此各項計算值如下:

漣波電壓的峰對峰值

$$V_r = \frac{V_p}{2 \times f \times R \times C} \tag{4.18}$$

漣波電壓的峰值為

$$V_{r,\ p} = \frac{V_r}{2} = \frac{V_p}{4 \times f \times R \times C} = \frac{0.00416V_p}{R \times C} \tag{4.19}$$

漣波電壓的有效值為

$$V_{r,\ rms} = \frac{V_{r,\ p}}{\sqrt{3}} = 0.0024 \frac{V_p}{R \times C} \tag{4.20}$$

$$\text{導通時間}\Delta\omega t = \sqrt{\left(\frac{2V_r}{V_p}\right)} \tag{4.21}$$

二極體的平均電流

$$i_{Dav} = I_L\left(1 + \pi\sqrt{\left(\frac{V_p}{2V_r}\right)}\right) \tag{4.22}$$

二極體的峰值電流

$$i_{D,\,max} = I_L\left(1 + 2\pi\sqrt{\left(\frac{V_p}{2V_r}\right)}\right) \tag{4.23}$$

4.2.5　LC型濾波器

若在濾波器的輸入端加一個電感器，如圖4.10所示，可使漣波電壓降低，此電感器在漣波頻率下要有高電抗，而其電容抗則要比X_L與R_L低，這兩種電抗組成交流分壓器，它比單一電容濾波器更能減少漣波電壓。

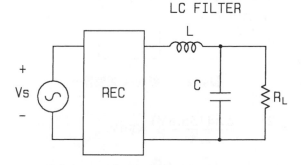

圖**4.10**　具有濾波的整流器

濾波器輸出的漣波電壓大小，則是由分壓器方程式所定：

$$V_{r(out)} = \left(\frac{X_C}{\left|X_L - X_C\right|}\right) \times V_{r(in)} \tag{4.24}$$

對整流輸入的直流平均電壓而言，線圈的繞線電阻(Rw)與負載電阻成串聯，如圖4.11，這個電阻會降低直流電壓，所以R_w必須比R_L小。直流輸出電壓由下式求得：

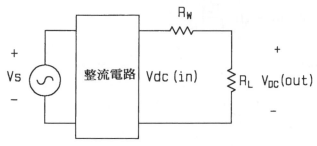

圖4.11 濾波器的直流效應

$$V_{dc(out)} = \left(\frac{R_L}{R_W + R_L}\right) \times V_{dc(in)} \qquad (4.25)$$

例如：某60Hz，110V的全波整流電路，峰值為155.6V，加到圖4.12的LC濾波器上，首先，求出全波整流輸入的直流電壓：

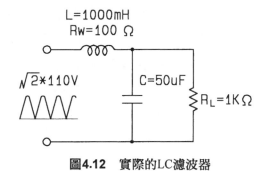

圖4.12 實際的LC濾波器

$$V_{dc(in)} = V_{avg} = \frac{2V_p}{\pi} = \frac{2 \times (155.6\text{V})}{\pi} = 99\text{V}$$

未濾波前的全波整流輸入的漣波電壓有效值為：

$$V_{r(rms)} = \sqrt{(V_{rms}^2 - V_{dc}^2)}$$
$$= 0.308V_p = 0.308 \times 155.6$$
$$= 47.9\text{V}$$

此時輸入為已知，因此計算輸出值如下：

$$V_{dc(out)} = \left(\frac{R_L}{R_W + R_L}\right) \times V_{dc(in)}$$

$$= \left(\frac{1K\Omega}{1K\Omega + 100\Omega}\right) \times 99\,V$$

$$= 90\,V$$

計算漣波則需知道X_L和X_C。

$$X_L = 2\pi f L$$

$$= 2\pi\,(120H_z)\,(100mH)$$

$$= 754\Omega$$

$$X_C = \frac{1}{2\pi f C}$$

$$= \frac{1}{2\pi\,(120H_z)\,(50\mu F)}$$

$$= 26.5\Omega$$

$$V_{r(out)} = \left(\frac{X_C}{\mid X_L - X_C \mid}\right) \times V_{r(in)}$$

$$= \left(\frac{26.5\Omega}{\mid 754\Omega - 26.5\Omega \mid}\right) \times 47.9$$

$$= 1.74\,V$$

漣波因數為

$$r = \frac{V_{r(out)}}{V_{dc(out)}} = \frac{1.74}{90\,V} = 0.0193 = 1.93\,\%$$

4.2.6　π型及T型濾波器

圖4.13(a)為一段單節 π 型濾波器，可視為電容器接著LC濾波器，它亦被視為電容輸入濾波器，圖4.13(b)則為一T型濾波器，基本上被視為一LC濾波器之後跟著一個電感器，亦被稱為電感輸入濾波器。

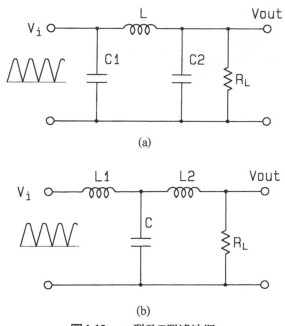

(a)

(b)

圖4.13　π型及T型濾波器

　　在π型電容輸入濾波器，C1被充電到輸入電壓的峰值，然後在輸入週期的其它時間緩緩經由負載放電，而電感企圖保持放電電流變化於最少，因此在輸出端其漣波量相對減小，而可在C2兩端保持近於固定的電壓。

　　而在T型電感輸入濾波器，跨於電感器上的壓降；降低了輸出電壓的漣波，因此由於L1、L2的平滑作用使輸出有較π型濾波器為低的漣波。一般而言對相同輸入電壓，T型濾波器其輸出電壓較π型濾波器低，但其漣波電壓卻較少。

4.3　實習項目

材料表：電源變壓器　　110V/0-3-4.5-6-9-12V(1A)×1

　　　　二極體　　　　1N4004×2，橋式整流 1A

　　　　電阻　　　　　1KΩ×1，270Ω×1，100Ω/5W×1，50Ω/5W×1，

　　　　電解電容　　　$100\mu f×1$，$220\mu f×1$，$47\mu×1$，$10\mu f×1$

工作一　半波整流電路

實驗目的：瞭解半波整流的特性及半波整流器的轉移曲線。

實驗步驟：(1)如圖4.14之接線。

(2)測試V_i及V_o之波形，並記錄於圖4.15(a)中，標示出輸入電壓的最大及最小值，與輸出電壓的最大值。

(3)將示波器之水平掃描旋鈕(時基)轉到X－Y Mode，並將CH1、CH2之兩信號的輸入耦合開關轉到"GND"處，調整光點於CRT顯示幕之中央，(特性曲線的歸零調整)然後再將CH1及CH2切到"DC"的位置。觀察其波形，並將其結果記錄於圖4.15(b)之中，此為半波整流電路的轉移曲線。

(4)利用三用電表測試

❶以ACV檔測試V_i電壓

❷以DCV檔測試V_o電壓

❸以DCV檔測試二極體兩端電壓

(5)根據4.2.1之分析，比較理論值與實測之差異，請思考差異的原因。

(6)將二極體反向，重作上面實驗，並將結果記錄於圖4.16(a)及4.16(b)中。

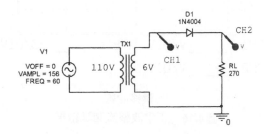

圖4.14　半波整流測試電路

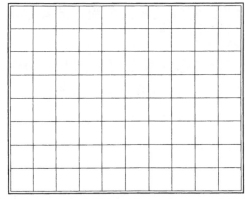

CH1: _____ V/DIV   TB : _____ mS/DIV
CH2: _____ V/DIV

(a)波形及

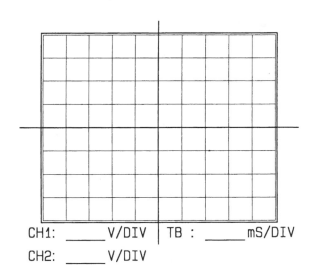

CH1: _____ V/DIV | TB : _____ mS/DIV

CH2: _____ V/DIV

(b)轉移曲線

圖4.15 正半波整流測試結果

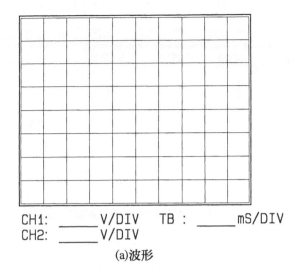

CH1: _____ V/DIV　TB：_____ mS/DIV
CH2: _____ V/DIV

(a)波形

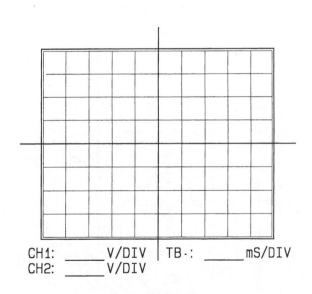

CH1: _____ V/DIV │ TB·：_____ mS/DIV
CH2: _____ V/DIV

(b)轉移曲線

圖4.16　負半波整流測試結果

工作二　半波整流的濾波電路

實驗目的：了解半波整流電路濾波電容器與負載及漣波電壓間之關係

實驗步驟：(1)如圖4.17之接線，首先令$C = 100\mu f$, $R_L = \infty$。

(2)利用示波器觀察 V_i 及 V_o 之波形並記錄於圖4.18中。

(3)利用三用電表DC檔，測試Vo的電壓並記錄於表4.2中。(DCV 檔用以測試輸出的平均直流電壓)。

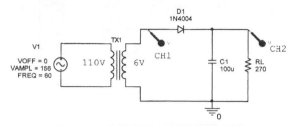

圖4.17 半波整流及濾波測試電路

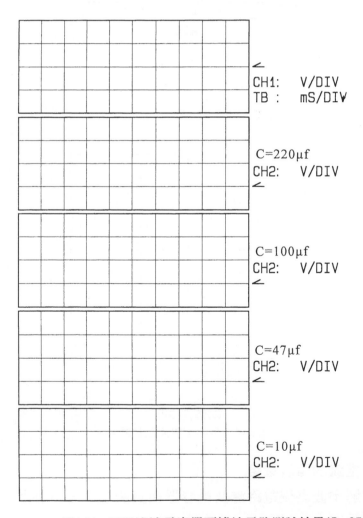

CH1:   V/DIV
TB :   mS/DIV

C=220μf
CH2:   V/DIV

C=100μf
CH2:   V/DIV

C=47μf
CH2:   V/DIV

C=10μf
CH2:   V/DIV

圖4.18 不同濾波電容器下濾波電路測試結果(R_L=270Ω)

表4.2　半波整流輸出電壓與漣波測試結果

		C=220u	C=100u	C=47u	C=10u
RL=∞	V_{dc}				
	$V_{ac,p-p}$				
	$V_{r,rms}$				
RL=1K	V_{dc}				
	$V_{ac,p-p}$				
	$V_{r,rms}$				
RL=270	V_{dc}				
	$V_{ac,p-p}$				
	$V_{r,rms}$				
RL=100	V_{dc}				
	$V_{ac,p-p}$				
	$V_{r,rms}$				
RL=50	V_{dc}				
	$V_{ac,p-p}$				
	$V_{r,rms}$				

⑷利用示波器的AC耦合輸入，以測試輸出漣波的$V_{o(AC)}$值，並進一步計算其有效值$V_{r,\,rms}$。

⑸令 R = 1KΩ, 270Ω, 100Ω / 5W, 50Ω / 5W，觀察其V_i及V_o之波形並記錄於圖 4.18 中。其直流電壓亦分別記錄於表 4.2 中。(步驟同(3) , (4))。

⑹利用表4.2的結果繪出下列特性曲線：

❶ $V_{o(DC)} - R_L$的特性。

❷ $V_{r,\,rms} - R_L$的特性。

於圖4.19中(同繪於一張圖內,而使用二種電壓刻度)。

(7)將電容器分別改為 $220\mu f$、$47\mu f$、$10\mu f$,重複以上的測試。測試時,示波器記錄,請以相同的刻度紀錄結果,並將結果繪於圖 4.20,4.21,4.22 之中,比較其差異。

(8)利用表4.2之測試結果,以電阻為參數,繪出不同電容器時,輸出的特性曲線,並記錄於圖4.23中。

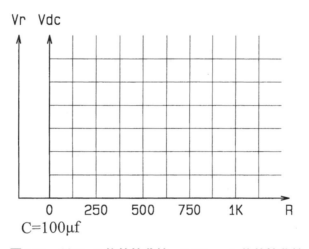

圖**4.19** (a)V_o-R_L的特性曲線 (b)$V_{r,\,rms}-R_L$的特性曲線

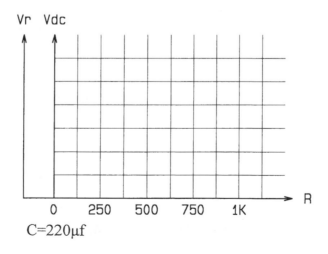

圖**4.20** C=220μf濾波電路測試結果

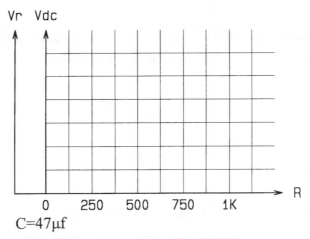

C=47μf

圖4.21　C=47μf濾波電路測試結果

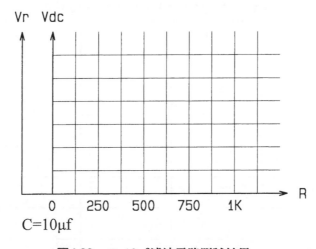

C=10μf

圖4.22　C=10μf濾波電路測試結果

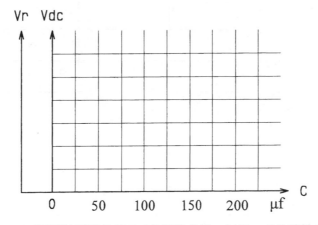

圖4.23　不同濾波電容的(a)V_o-C的特性曲線　(b)$V_{r,\,rms}$-C的特性曲線 (R_L=270Ω)

工作三　全波整流的濾波電路

實驗目的：了解全波整流電路濾波電容器與負載及漣波電壓間之關係

實驗步驟：(1)如圖4.24之測試電路接線(請特別注意每一個二極體的極性)。

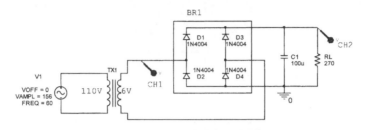

圖4.24　橋式全波整流測試電路

(2)同工作二之各項測試，並將結果分別記錄於表4.3中。

表4.3　全波整流輸出電壓與漣波測試結果

電容 C1		C=220u	C=100u	C=47u	C=10u
RL=∞	V_{dc}				
	$V_{ac,p-p}$				
	$V_{r,rms}$				
RL=1K	V_{dc}				
	$V_{ac,p-p}$				
	$V_{r,rms}$				
RL=270	V_{dc}				
	$V_{ac,p-p}$				
	$V_{r,rms}$				
RL=100	V_{dc}				
	$V_{ac,p-p}$				
	$V_{r,rms}$				
RL=50	V_{dc}				
	$V_{ac,p-p}$				
	$V_{r,rms}$				

請注意示波器共同接地問題，因全波橋式整流電路其輸入與輸出間，並無共同接地，故無法使用一般的示波器，同時觀察V_i及V_o之波形，因此建議以圖4.25之電路接法，利用CH1去測試另外一組浮接的電源(AC)，以作為同步參考信號，而CH2則測試V_o之波形。

(3)將電路改為圖4.26之電路，重作(1)(2)之測試(可不用再記錄，僅觀察特性即可)。

(4)改變不同的電阻及電容，重作工作三的各項測試。

(5)利用表4.3之測試結果，以電阻為參數，繪出不同電容器時，輸出的特性曲線，並記錄於圖4.27中，

(6)將其測試值與理論值作比較。

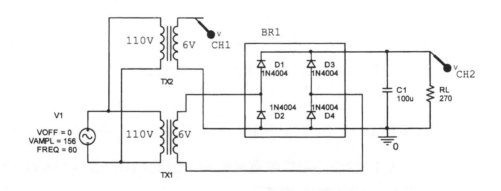

圖4.25 橋式全波整流及濾波電路的輸入電壓測量

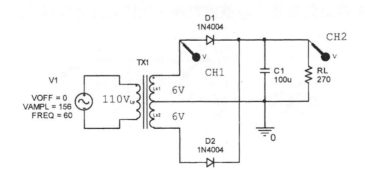

圖4.26 中心抽頭方式全波整流測試電路

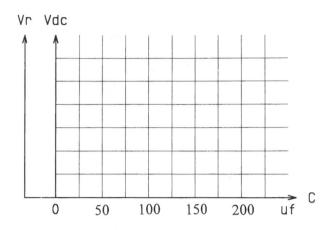

圖4.27 中心抽頭方式全波整流的(a)V_o-C的特性曲線 (b)$V_{r,rms}$-C的特性曲線

工作四 二極體電流之測試

實驗目的：了解半波及全波整流電路(含濾波電容器)的二極體電流與負載電阻間之關係。

實驗步驟：(1)如圖4.28接線，令C＝100μf。

(2)示波器CH1觀察V_i之波形，而CH2觀察V_o之波形，並記錄於圖4.29中。

(3)移動CH2到(A)點以測試二極體的電流($I_D = \dfrac{V}{1\Omega}$)。並記錄於圖4.29中，(波形與實際電流反相，因此CH2請選定"INVERT")。

(4)計算二極體的導通時間。

(5)將電容器更改為200μf，47μf，重作(2)(3)(4)之實驗。

(6)將電路改為全波整流電路，如圖4.30重作以上之各項實驗。

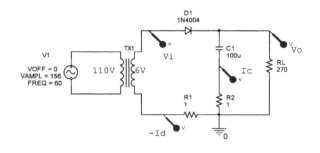

圖4.28 半波整流的二極體電流之測試電路

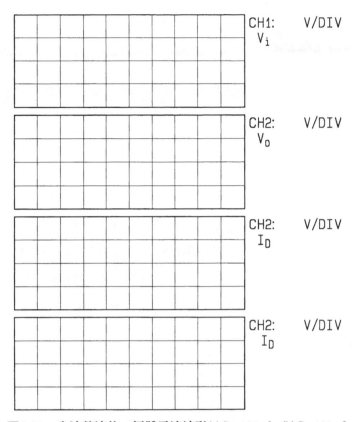

圖4.29　半波整流的二極體電流波形(a)C＝100μf　(b)C＝100μf

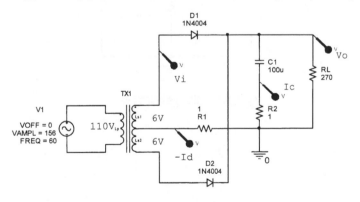

圖4.30　全波整流的二極體電流之測試電路

4.4　電路模擬

　　本節中將以 Pspice 模擬軟體來分析電路的特性，使電路模型分析的結果與實際電路實驗有一對照。

4.4.1　半波整流電路模擬

　　如圖 4.31 所示，各元件分別在 eva1.slb，source.slb 及 analog.slb，選擇 Time Domain 分析 ，記錄時間自 0 到 50ms，最大分析時間間隔為 0.01ms。圖 4.32a 為負載電阻 (R1) 為 1K 歐姆模擬結果，圖中所示分別為電源電壓及負載電壓，圖 4-32b 為負載電流及電容器電流，圖 4.33 為負載電阻為 100 歐姆模擬結果。

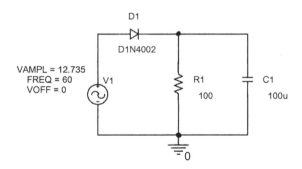

圖 4.31　半波整流電路

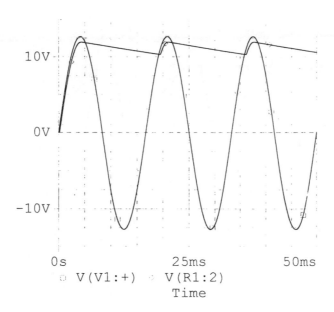

(a) 電源電壓及負載電壓

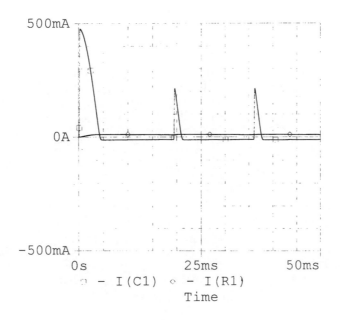

(b) 載電流及電容器電流

圖 4.32　為負載電阻 1K 歐姆模擬結果

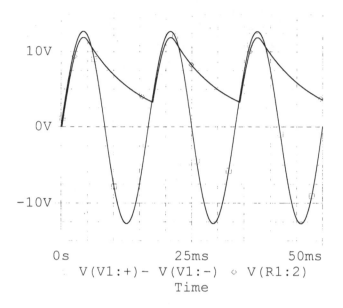

(a) 電源電壓及負載電壓

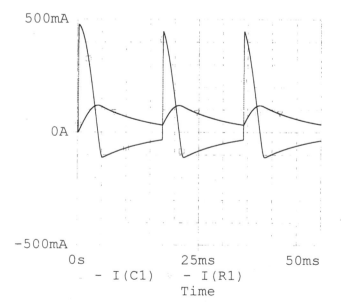

(b) 載電流及電容器電流

圖 4.33　為負載電阻 100 歐姆模擬結果

4.4.2　橋式全波整流電路模擬

　　如圖 4.34 所示，各元件分別在 eva1.slb，source.slb 及 analog.slb，選擇 Time Domain 分析 ，記錄時間自 0 到 50ms，最大分析時間間隔為 0.01ms。圖 4.35a 為模擬結果，圖中所示分別為電源電壓及負載電壓，圖 4.35b 為負載電流及電容器電流。

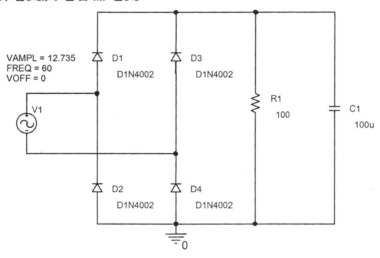

圖 4.34　橋式全波整流電路

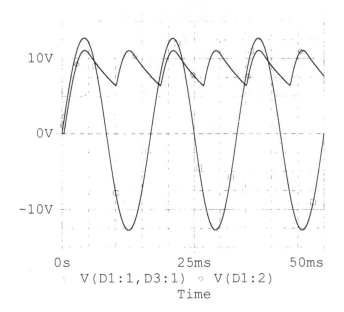

(a)電源電壓及負載電壓

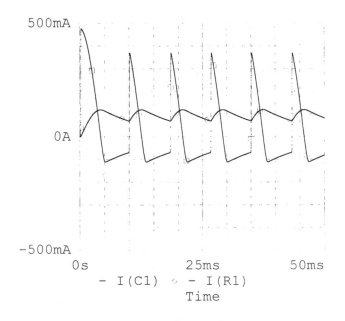

(b) 負載電流及電容器電流

圖 4.35　為模擬結果

4.4.3　中心抽頭全波整流電路模擬

如圖 4.36 所示，各元件分別在 eval.slb，source.slb 及 analog.slb，選擇 Time Domain 分析 ，記錄時間自 0 到 50ms，最大分析時間間隔為 0.01ms。圖 4.37 為模擬結果，圖(a)所示為電源電壓及負載電壓，圖(b)為二極體電流。

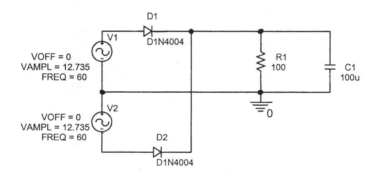

圖 4.36　中心抽頭全波整流電路

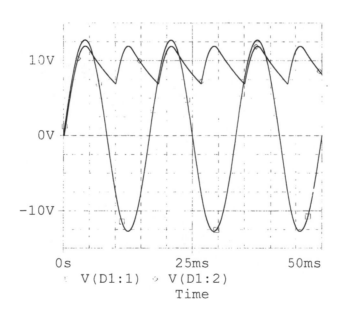

圖 4.37　中心抽頭全波整流電路模擬結果

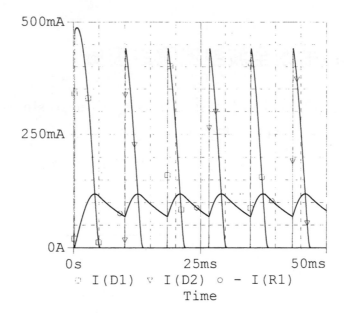

第五章
倍壓整流電路

5.1 實驗目的：

1. 瞭解二倍壓電路工作原理。
2. 雙電源整流電路工作原理。
3. 三倍壓整流電路工作原理。
4. 多重倍壓整流電路。
5. 負載對倍壓整流電路的影響。

5.2 相關知識

倍壓整流通常用來增加整流輸出電壓，而不需要增加變壓器的二次輸出電壓額定。通常倍壓整流均使用於高電壓低電流的場合。常用倍壓電路有二、三、四倍壓。而示波器內部的高壓整流電路亦是利用倍壓整流技術以提供數KV以上之電壓。

5.2.1 二倍壓整流電路

圖5.1(a)為常用的半波倍壓整流電路。假設變壓器二次電壓為$V_p \sin \omega t$，當變壓器二次側輸出為正半週時，(上端電壓為正)，二極體D1順向偏壓而D2為逆向偏壓，電容器C1被充電到V_p的電壓，如圖5.1(a)所示，極性左端為正。

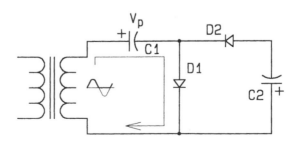

圖5.1 (a)

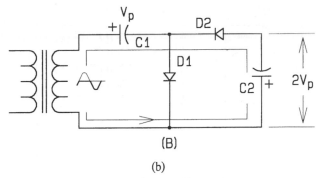

(b)

圖5.1　半波倍壓器動作原理

　　在負半週時，變壓器二次側輸出下端為正，此電壓與C1原先於正半週充電的電壓相加，因此二極體D1將承受約$2V_p$的逆向電壓而關閉，而D2則為順向偏壓，此$2V_p$的電壓則向C2充電。

　　在無負載時，C2維持在$2V_p$，若負載電阻加到其輸出端，則C2經負載放電至下一個正半週為止，然後於後續的負半週再度充電至$2V_p$。

　　其結果為半波電容濾波電壓，每個二極體所跨的峰值逆向電壓為$2V_P$。另一種二倍壓整流電路如圖5-2所示，通常稱為全波倍壓器(事實上每個電容器亦充電半個週期)。當二次側電壓為正時，二極體D1順向偏壓，電容如圖5.2(a)充電至約為V_p。負半週時，D2順向偏壓，使電容C2也充電至V_p如圖5.2(b)所示，在串聯的電容兩端出現$2V_p$的輸出電壓。此電路經常使用在於僅有一組二次電壓線圈的變壓器來獲得+/-雙重電源，提供類似運算放大器等需要雙重電源的電子設備。其輸出接法如圖5.3所示。在C1及C2兩端可得約±22V的未穩壓輸出，利用三端子的電壓調整IC，則可將其輸出穩定於±15V。

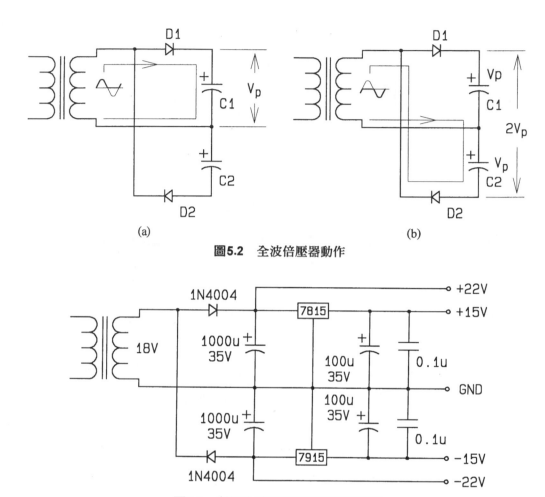

(a)   (b)

圖5.2 全波倍壓器動作

圖5.3 利用全波倍壓器以取得雙電源

5.2.2 三倍壓整流電路

圖5.4為三倍壓整流電路。在半波倍壓器上再加一段二極體與電容器，即形成圖5.4的三倍倍壓器，此為一半波整流器加上一半波倍壓器組成。其動作如下：二次側電壓正半週時，C1經D1充電至V_p，負半週時，電容C2經D2充電到$2V_p$，如兩倍倍壓器。接著下一個正半週內，C3經D3充電至$2V_p$，結果由C1與C3兩端得到3倍輸出電壓，如圖所示。

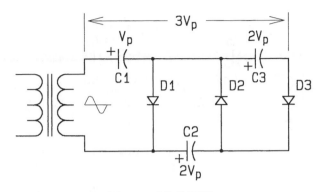

圖5.4　三倍倍壓器

圖5.5為另一種三倍倍壓器，當負半週時，變壓器下端為正，電容器C1及C3分別經由二極體D1及D3充電到V_p的電壓，極性如圖上所標示。而於正半週時，C2 則經由D2充電到$2V_p$(如前節半波二倍壓器一樣)，因此，從C2，C3電容器的兩端取出3倍電壓(如圖上所示)。

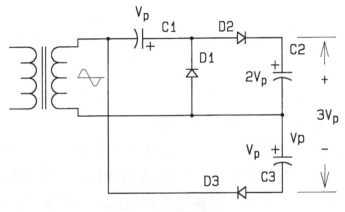

圖5.5　三倍倍壓器

5.2.3　4倍壓及N倍壓電路

在圖5.4的三倍壓整流電路中，再在加上一組二極體及電容器可得四倍壓整流電路，如圖5.6所示為四倍壓整流器電路，其工作原理如下：

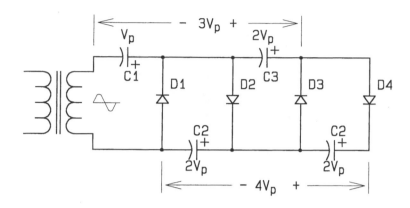

圖5.6　四倍倍壓器

1.　負半週時，D1導通，其他二極體皆截止，電容器C1充電到V_p，其電流路徑及電容器的極性如圖5.7(a)所示。

2.　下一個正半週時，D2導通，其他二極體皆截止，電容器C2充電到$2V_p$，其電流路徑及電容器的極性如圖5.7(b)所示。

3.　在第二個負半週時，D1及D3導通，電容器C3充電到$2V_p$，其電流路徑及電容器的極性如圖5.7(c)所示。

4.　在第二個正半週時，D2及D4導通，電容器C4充電到$2V_P$，其電流路徑及電容器的極性如圖5.7(d)所示。

　　輸出若取自C1、C3兩端，則為三倍壓器。若取自C2、C4兩端則為四倍壓器。若需更高倍的輸出電壓，則可多加幾級的二極體與電容器的組合即可。例如示波器內的高壓加速陽極電壓則使用6-10倍壓電路以取得數KV以上的高壓。

　　倍壓的輸出電壓調整性很差，輸出電會隨負電流增加而急速衰減，因此不適用於較大負載電流的場合，需要較大電流之處，仍需使用基本的整流電路。

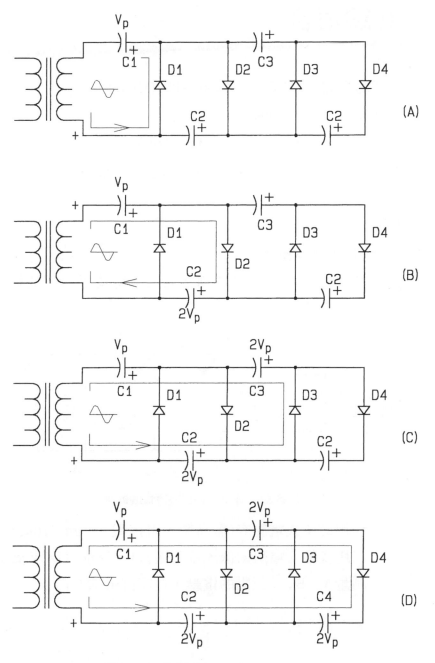

圖5.7　四倍壓電路的工作原理

5.3 實驗項目

材料表：

電源變壓器	110V / 0-3-4.5-6-9-12V(1A)×1
二極體	1N4004×2
電阻	1KΩ×1, 3.3KΩ, 270Ω
電解電容	100μf×2, 10μf×2, 220μf×2, 47μf×2

工作一 倍壓整流電路

實驗目的：瞭解二倍壓器的特性

實驗步驟：(1)如圖5.8之接線，請特別注意二極體及電容器的極性。負載電
阻先不接上。

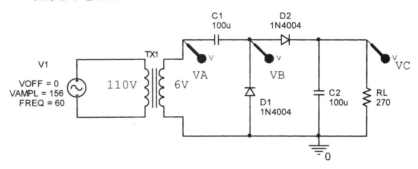

圖5.8 半波二倍壓整流實驗電路

(2)利用數位式電壓表(需高輸入阻抗型， Rm > 10M，一般指針式
三用表輸入電阻太低，並不適當)。分別以DCV及ACV OUT檔
測量A，B，C三點的電壓，並記錄於表5.1。

表**5.1**　二倍壓器測試結果

C1,C2		C=220u	C=100u	C=47u	C=10u
RL=∞	$V_{A,ac}$				
	$V_{B,dc}$				
	$V_{C,dc}$				
RL=3.3K	$V_{A,ac}$				
	$V_{B,dc}$				
	$V_{C,dc}$				
RL=1K	$V_{A,ac}$				
	$V_{B,dc}$				
	$V_{C,dc}$				
RL=270	$V_{A,ac}$				
	$V_{B,dc}$				
	$V_{C,dc}$				

(3)令 R_L=3.3KΩ 及1KΩ , 220Ω，利用示波器觀察V_A, V_B, V_C之波形。
。並將其結果繪於圖 5.9。

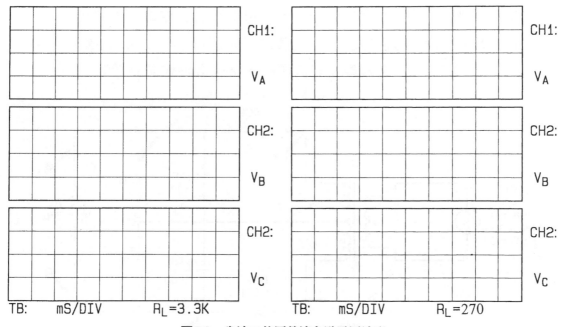

圖**5.9**　半波二倍壓整流各點電壓波形

(4)將示波器的CH1仍接於A點不變，而CH2接於C點，選擇輸入
　爲交流耦合方式，觀察V_C的交流成份，此即爲輸出的漣波，並
　將結果繪於圖5.10。

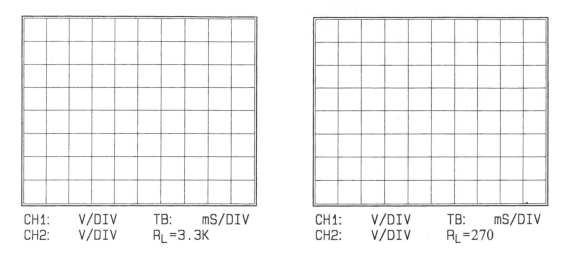

| CH1: | V/DIV | TB: | mS/DIV |
| CH2: | V/DIV | R_L=3.3K | |

| CH1: | V/DIV | TB: | mS/DIV |
| CH2: | V/DIV | R_L=270 | |

圖5.10 半波二倍壓整流輸出點漣波

(5)改變不同的電容值，如 $220\mu f$，$47\mu f$，$10\mu f$ 等，重覆(2)-
(4)之各項測量並記錄於表 5.1 中。

工作二 全波倍壓器

實驗目的：瞭解全波倍壓器特性及如何利用全波倍壓器以取得雙電源。

實驗步驟：(1)如圖5.11之接線，令負載電阻分別為 ∞，3.3K，1K 及 270 歐
姆。測試 R_L 兩端之直流電壓及交流電壓並記錄於表5.2。

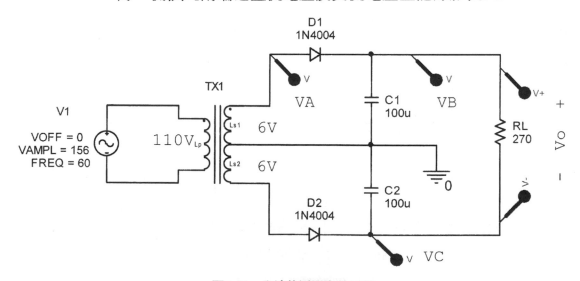

圖5.11 全波倍壓器實驗電路

表5.2　全波倍壓器測試結果

C1,C2		C=220u	C=100u	C=47u	C=10u
RL=∞	$V_{A,ac}$				
	$V_{B,dc}$				
	$V_{C,dc}$				
	$V_{BC,dc}$				
RL=3.3K	$V_{A,ac}$				
	$V_{B,dc}$				
	$V_{C,dc}$				
	$V_{BC,dc}$				
RL=1K	$V_{A,ac}$				
	$V_{B,dc}$				
	$V_{C,dc}$				
	$V_{BC,dc}$				
RL=270	$V_{A,ac}$				
	$V_{B,dc}$				
	$V_{C,dc}$				
	$V_{BC,dc}$				

(2)如(1)的各種電阻值，利用示波器測試其輸出鏈波電壓的波形
　(示波器輸入耦合開關先選擇在"AC"的位置)並記錄於圖5.12。

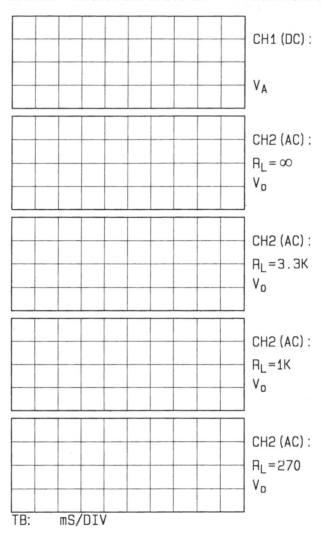

圖5.12　全波倍壓器整流輸出點鏈波

⑶示波器 CH1,CH2 分別測試量 V_B 與 V_C 的波形，並將示波器設
定於 CH1－CH2 的模式($V_B－V_C$)觀察輸出波形 ，並將結果記
錄於圖 5.13。

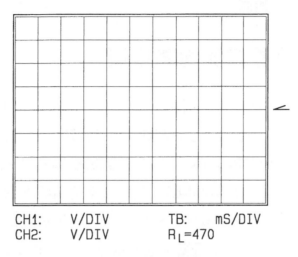

CH1:　　V/DIV　　　　TB:　　mS/DIV
CH2:　　V/DIV　　　　R_L=470

圖5.13　　　簡單的雙電源電路波形

⑷改用不同電容值，如 $220\mu f$、$47\mu f$，重作⑶之測試並將結
果記錄於圖5.14。

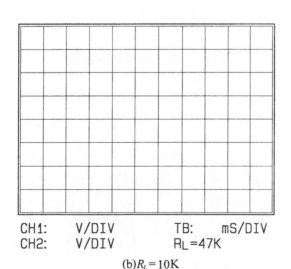

CH1:　　V/DIV　　　　TB:　　mS/DIV
CH2:　　V/DIV　　　　R_L=47K

(b)$R_L=10K$

圖5.14　　全波倍壓器作爲雙電源的輸出波形

註：此電路經常使用於變壓器僅有一組二次線圈而又需要整流
供給負載正負電源的情形。

5.4　電路模擬

本節中將以 Pspice 模擬軟體來分析電路的特性，使電路模型分析的結果
與實際電路實驗有一對照。

5.4.1　半波倍壓整流電路模擬

如圖 5.15 所示，各元件分別在 eval.slb，source.slb 及 analog.slb，
選擇 Time Domain 分析 ，記錄時間自 0 到 50ms，最大分析時間間隔為
0.01ms。圖 5.16 為負載電阻 (R1) 為 10K 甌姆模擬結果，圖中所示分別為電
源電壓、二極體D1 電壓及負載電壓，負載電壓逐漸建立到兩倍的電源電壓。
圖 5.17 負載電阻 (R1) 為 330 甌姆模擬結果，由於負載電阻低，電流大，負
載電壓無法上升到兩倍的電源電壓，故此電路僅適合於高電阻負載。

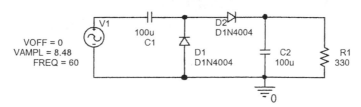

圖5.15　　半波倍壓整流電路

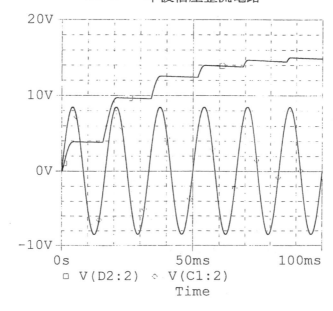

圖5.16　　負載電阻為 10K 歐姆模擬結果

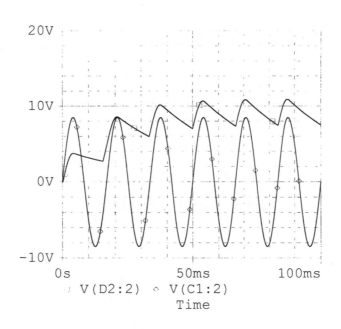

圖5.17　負載電阻為 330 歐姆模擬結果

5.4.2　全波倍壓整流電路模擬

　　如圖 5.18 所示，各元件分別在 eval.slb，source.slb 及 analog.slb，選擇 Time Domain 分析 ，記錄時間自 0 到 50ms，最大分析時間間隔為 0.01ms。圖 5.19 為模擬結果，上圖中所示分別為輸入電源電壓及負載(R1)電壓，負載電壓逐漸建立到兩倍的電源電壓，下圖則為輸入電源電壓及兩電容器(C1，C2)的電壓。圖 5.20 為負載電流與二極體(D1，D2)的電流。

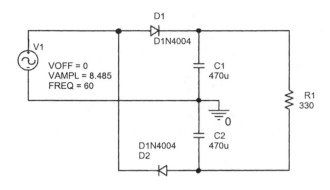

圖5.18　全波倍壓整流電路

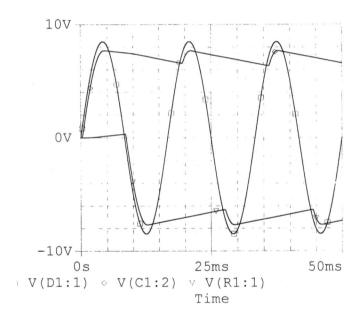

圖5.19　全波倍壓整流電路模擬結果

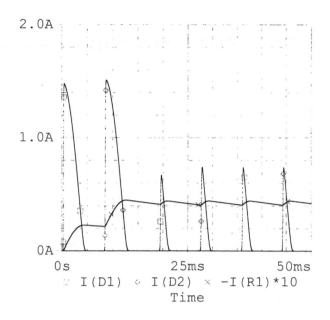

圖5.20　　負載電流與二極體的電流

第六章
稽納二極體的
特性與應用

6.1 實驗目的

1. 瞭解稽納二極體的V-I特性
2. 稽納二極體的應用

6.2 相關知識

6.2.1 二極體的崩潰效應

二極體在崩潰區中出現極爲陡峭的 I – V 曲線，在此區中幾乎維持固定的電壓降，因此操作在崩潰區內之二極體可被用來設計穩壓器。這些二極體，特別設計操作在崩潰區，此種二極體被稱爲崩潰二極體(breakdown dio-de)或稽納二極體(zener diode)，其符號如圖6.1所示。

圖6.1 稽納二極體之電路符號

二極體的崩潰現象可分爲兩種：累增崩潰及稽納崩潰。

累增崩潰：

當二極體於反偏的情況下，對於因熱所產生的少數載子，則爲順偏；因此將由外加電位而獲得能量，此載子與晶體的離子相碰撞，於是就將足以破壞一個共價鍵的能量分給這離子。現在，除了原來的載子之外又產生了一對新的電子與電洞。然後它們也可能從電場中獲得足夠的能量而再與別的晶體離子相碰撞，這樣又會再產生一對新的電子與電洞來。因此每個新的載子都可能藉碰撞與拆散共價鍵而產生新的載子。這種累積的作用稱爲累增作用(avalanche multiplication)。它的結果是使反向電流變得很大，於是我們就說二極體是在它的累增崩潰區(region of avalanche breakdown)內。

稽納崩潰：

　　即使原有的載子並未擁有夠多的能量而足以拆散共價鍵的話，晶體中的共價鍵仍然可能直接被拆散而引起崩潰現象。其原因如下：在接面處，由於電場的存在，受束縛的電子可能已經受到一項夠強的作用力而將它自它的共價鍵上拉出。如此產生的新電子電洞對也會使反向電流變大。注意：在這項過程中並未涉及載子與晶體離子的碰撞(因此與累增作用不同)，我們稱這項作用為稽納崩潰(Zener breakdown)。當外加電壓固定時，電場強度會隨雜質濃度之增加而變大。

　　稽納崩潰大約發生在電場強度為2×10^7伏特／米的程度下。對於摻有多量雜質的接面而言，大約在不到6伏特的電壓下就能有這麼強的電場了。對於雜質摻的較少的二極體而言，崩潰電壓會稍為高些，而且累增作用是它主要崩潰原因。不管是累增崩潰或是稽納崩潰，此類二極體均稱為稽納二極體。矽製稽納二極體有現成的，它的稽納電壓可以自幾伏特到幾百伏特，功率額定則高至數十瓦特。

6.2.2　稽納二極體的特性

　　圖6.2顯示在崩潰區內稽納二極體的I-V特性之詳細情形。我們可以觀察到當電流大於膝部電流時(I_{ZK}，廠商通常會將此值列於稽納二極體的規格表中)，I-V特性曲線幾乎是一直線。製造商通常會標明在一特定測試電流I_{ZT}之下，跨在稽納二極體之上之電壓V_Z。

　　當流過稽納二極體之電流偏離I_{ZT}時，跨在其上之電壓將改變。圖6.2顯示相對於電流變化ΔI，稽納電壓將改變ΔV。它與ΔI之關係式為：$\Delta V = r_z \Delta I$，其中r_z為I-V曲線的工作點斜率倒數。電阻r_z是稽納二極體在操作點之增量電阻。它也被稱為稽納二極體之動態電阻，且其值也會列在元件規格表上。

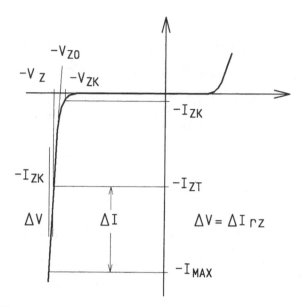

圖6.2　二極體的I-V特性（順向特性與一般二級體相同）

　　一般言之，r_z會在幾歐姆至幾十歐姆的範圍內。很明顯的，r_z之值愈低，稽納電壓在其電流改變時愈能維持於一固定值，因而其性能將更理想。

　　稽納二極體之電壓V_z通常被製成幾伏到幾百伏之範圍內。除了標出V_z（在一特定電流I_{ZT}之下）r_z，和I_{zk}以外，製造商也會標出元件可以安全地消耗的最大功率。因此一個0.5W，6.8V之稽納二極體可以安全操作的電流最大值大約為70mA 左右。

　　稽納二極體幾乎線性的I-V特性表示該元件可以用圖6.3中所示的電路來表示。在此V_{zo}表示斜率為$\frac{1}{r_z}$之直線與電壓軸相交之點（參照圖6.2）。雖然V_{zo}與稽納電壓Vzk有些微的差異，在實際上它們的數值則幾乎相等。圖6.3之等效電路模型可以分析說明如下：

$$V_z = V_{zo} + r_z \times I_z \tag{6.1}$$

而它用在$I_z > I_{zk}$以及$V_z > V_{zo}$的條件之下。

圖6.3　稽納二極體之模型

6.2.3　稽納二極體的溫度特性

　　稽納二極體有一項很有趣的性質，其實這也是一般半導體元件共有的性質，那就是它們對於溫度的敏感性。通常是以二極體的溫度改變攝氏1度時參考電壓變動的百分比來作為二極體的溫度係數的。製造商會供應這些資料的。這係數可能是正的，也可能是負的，通常在±0.1%/℃範圍之內。如果參考電壓高過6伏特的話，溫度係數會是正的，因為這時涉及物理作用是累增作用。低於6伏特時，溫度係數會是負的，這時涉及的崩潰現象才是真正的稽納崩潰。

6.2.4　稽納穩壓電路的分析

　　如圖6.4稽納穩壓電路，假設稽納二極體的特性如下：在$I_z = 5\,\text{mA}$時$V_z = 6.8\,\text{V}$，$r_z = 20\Omega$，且$I_{ZK} = 0.2\,\text{mA}$。電壓供應源V_S為10V±1V，如圖6.4(c)所示。(a)試求在沒有負載且V_S為正常值時之V_o。(b)試求由於V_S之±1V變化所造成的V_o之改變。(c)試求連接一負載電阻$R = 2\text{K}\Omega$時所造成之V_o改變。(d)試求當$R = 0.5\text{K}\Omega$時之V_o值。(e)可穩壓情況下的最小負載電阻？

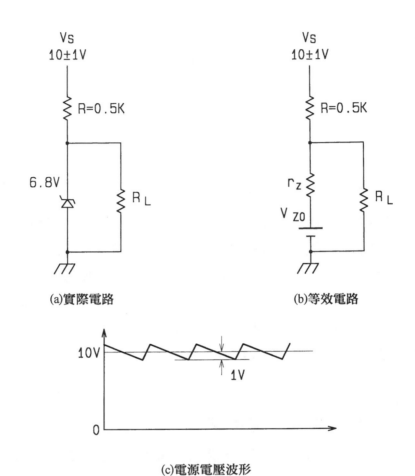

(a)實際電路　　　　　　　(b)等效電路

(c)電源電壓波形

圖6.4　稽納穩壓電路

解： 首先我們必須求得稽納二極體模型中參數V_{zo}之值。將$V_z = 6.8$V，$I_z = 5$ mA，且$r_z = 20\Omega$代入方程式(6.1)中產生$V_{zo} = 6.7$V。圖6.4(b)顯示稽納二極體以其模型取代之後的等效電路。

(a)　在沒有負載連接其上時，通過稽納之電流將由下式決定

$$I_z = I = \frac{V_s - V_{zo}}{R + r_z}$$

$$= \frac{10 - 6.7}{0.5 + 0.02} = 6.35\text{mA}$$

因此

$$V_O = V_{ZO} + I_Z \times r_z$$
$$= 6.7 + 6.35 \times 0.02$$
$$= 6.83\,\text{V}$$

(b)　對V_s之$\pm 1\,\text{V}$變化量，輸出電壓之改變量可由下式求之：

$$\Delta V_O = \Delta V_S \frac{r_z}{R + r_z}$$
$$= \pm 1 \times \frac{20}{500 + 20}$$
$$= \pm 38.5\,\text{mA}$$

(c)　當連接一個$2\text{K}\Omega$之負載電阻後，負載電流大約為$\frac{6.8\text{V}}{2\text{K}\Omega} = 3.4\,\text{mA}$。因此稽納電流之改變將為$I_z = -3.4\,\text{mA}$，而相對之稽納電壓(輸出電壓)為：

$$\Delta V_O = r_z \Delta I_z = 20 \times (-3.4) = -68\,\text{mV}$$

(d)　一個$0.5\text{K}\Omega$之R_L將抽走負載電流$\frac{6.8\text{V}}{0.5\text{K}} = 13.6\,\text{mA}$。因為經由R所提供的電流I只有6.4mA(在$V = 10\text{V}$之下)。因此，稽納二極體將不會崩潰，故稽納二極體　視同開路，V_O可由R和R_L所形成之分壓電路來決定：

$$V_O = V_S \times \frac{R_L}{R + R_L} = 10 \frac{0.5}{0.5 + 0.5} = 5\,\text{V}$$

由於此電壓比稽納之崩潰電壓來得小，故稽納二極體恰如假設一樣未崩潰。

(e)　稽納二極體若要操作在崩潰區邊緣，則$I_z = I_{ZK} = 0.2\,\text{mA}$，且$V_z = V_{ZK} = 6.7\text{V}$。在此點上經由R所提供之最低電流(最差狀況)為$\frac{(9 - 6.7)}{0.5\text{K}\Omega} = 4.6$ mA，因而負載電流為$4.6 - 0.2 = 4.4\,\text{mA}$。相對應之$R_L$值為：

$$R_L = \frac{6.7}{4.4} \fallingdotseq 1.5\text{K}\Omega$$

此為本穩壓電路可正常工作的最小負載電阻。

6.2.5　稽納穩壓電路的設計

　　圖6.5的電路被稱爲分流穩壓器，因爲稽納二極體與負載是並聯的(分流)。穩壓器有一電壓供應源輸入，如圖所示，該電壓源並非定值；它包含一個大的漣波成份。此一原始的電壓供應源通常由整流電路之輸出端獲得，負載本身可爲一簡單的電阻或一複雜的電子電路。穩壓器之功能是：即使是在V_s有浮動以及負載電流I_L有變化之情形下仍盡可能地使提供的輸出電壓V_o維持不變。有兩個參數可被用來評估穩壓器的功能：即線上穩壓(line regulation)及負載穩壓(load regulation)。

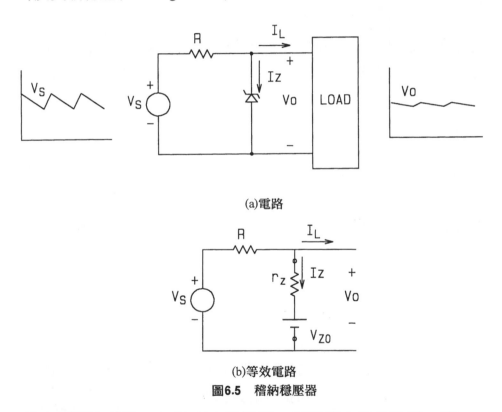

(a)電路

(b)等效電路

圖6.5　稽納穩壓器

　　線上穩壓定義爲：V_s有1V之改變時，相對應之V_o的改變，即：

$$線上穩壓 \equiv \frac{\Delta V_o}{\Delta V_s} \tag{6.2}$$

且通常表爲mV/V。

負載穩壓則定義為I_L有1mA之改變時，相對應之V_o的變化，即：

$$負載穩壓 \equiv \frac{\Delta V_O}{\Delta I_L} \tag{6.3}$$

我們可從圖6.5中之分流穩壓器中推導出這些功能參數的方程式。將圖中之稽納二極體以其等效電路模型取代。因而可得圖6.5(b)之等效電路。利用重疊原理可得：

$$V_O = V_{ZO}\frac{R}{R+r_z} + V_S\frac{r_z}{R+r_z} - I_L(r_z /\!/ R) \tag{6.4}$$

在方程式中，只有右邊之第一項是穩壓器所要的項。第二項及第三項分別代表與電壓供應源及負載電流之關係，故必須將其減至最小。事實上由方程式(6.4)對電壓源Vs偏微分可得：

$$線上穩壓 \left.\frac{dV_O}{dV_S}\right|_{I_L=const} = \frac{r_z}{R+r_z} \tag{6.5}$$

同理V_o對I_L偏微分：

$$\left.\frac{dV_O}{dI_L}\right|_{V_s=const} = -(r_z\|R)$$

故

$$負載穩壓 = -(r_z\|R) \tag{6.6}$$

在設計分流穩壓器電路時有一很重要之考慮條件，即必須確保流過稽納二極體之電流永遠不得小於I_{ZK}，否則r_z將上升，且性能將會變差。我們必須注意小的稽納電流是發生在V_s位於其最小值，而I則位於其最大負載電流時。此狀況可經由適當地選擇R值而達到。在最壞情況下為$V_s = V_{S,\,min}$，$I_Z = I_{Z,\,min}$且$I_L = I_{L,\,max}$之條件下，分析圖6.5(b)電路可得：

$$R = \frac{V_{S,\,min} - V_{ZO} - R_Z I_{Z,\,min}}{I_{Z,\,min} + I_{L,\,max}} \tag{6.7}$$

設計實例：

　　參考圖6.5，設計一個稽納分流穩壓器以提供12V之輸出電壓。原始之電壓供應源會在15-25V之間變動，且負載電流在0到15mA之範圍內變動。可用之稽納二極體在電流為20mA時，$V_z = 12$V，且其$r_z = 10$。試求所需之R值，並決定線上穩壓及負載穩壓。同時再計算相對於V_s之最大變化以及I_L之最大變化，V_o之變化百分比。

解： 首先，將$V_z = 12$V，$I_z = 20$mA，以及$r_z = 10\Omega$代入方程式6.1中以決定稽納二極體模型中參數V_{zo}之值。其結果為：

$$V_{zo} = 12 - 20 \times 0.010 = 11.8\text{V}$$

　　其次我們利用方程式(6.7)來決定R之值，將$V_s = 15$V及$I_L = 15$mA代入式中，並設計$I_z = \left(\dfrac{1}{3}\right)I_{L,\,max} = 5$mA。因此

$$R = \frac{15 - 11.8 - 0.01 \times 5}{5 + 15} = 157\Omega$$

線上穩壓可利用方程式(6.5)來決定

$$線上穩壓 = \frac{r_z}{r_z + R} = \frac{10}{10 + 157} = 59.9\text{mV/V}$$

而負載穩壓可利用方程式(6.6)來求得

$$負載穩壓 = -(r_z \| R) = -(10 \| 157) = -9.4\text{mV/mA}$$

V_s之最大變化(15至25V)可導致

$$\Delta V_o = 59.5 \times 10 = 0.595\text{V}$$

而I_L之最大變化(15mA)可導致

$$\Delta V_o = -9.4 \times 15 = 0.141\text{V}$$

6.3　實驗項目

材料表：電源變壓器　110V / 0-3-4.5-6-9-12V(1A)×1

　　　　稽納二極體　ZD3.3V×1，ZD5V×1，ZD15V×2

　　　　電阻　　　　120KΩ×1，33KΩ×1，15KΩ×1

　　　　　　　　　　3.3KΩ×1，1KΩ×1，270Ω×1

工作一　稽納二極體的特性測試

實驗目的：了解稽納二極體的I-V曲線

實驗步驟：⑴如圖6.6之接線，二極電流之測量乃由CH2測得之電壓除以R而得知，由於示波器接地之關係，CH2實際測得之電壓為$-I_D \times R$，因此CH2應選擇"INV"的位置以修正此項差異。

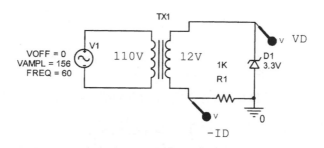

圖6.6　稽納二極體的測試電路

⑵觀察CH1之波形並將結果繪於圖6.7。

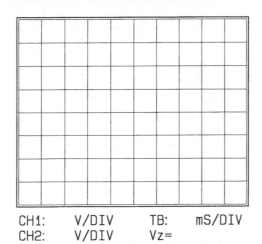

CH1:	V/DIV	TB:	mS/DIV
CH2:	V/DIV	Vz=	

圖6.7　稽納二極體之波形V_Z=3.3V

⑶將示波水平掃描選在X-Y mode，並將示波器兩輸入耦合開關轉到GND位置然後將光點調整於CRT之中心點(歸零)。

⑷將輸入耦合開關轉到"DC"位置以觀察其V-I特性曲線。並將結果記錄於圖6.8中。

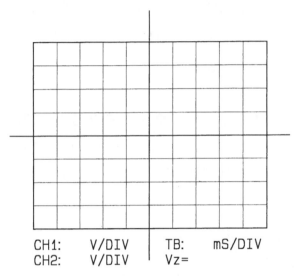

CH1:　　V/DIV　　TB:　　mS/DIV
CH2:　　V/DIV　　Vz=

圖6.8　稽納二極體的轉移曲線$V_z=3.3\,\mathrm{V}$

⑸將R電阻改為270Ω重新比較其曲線。

⑹更改為ZD5V的稽納二極體，重作以上各項實驗並將結果記錄於圖 6.9 及 6.10 中。

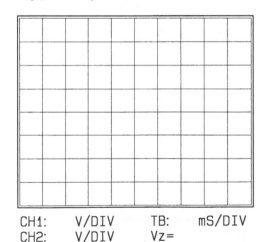

CH1:　　V/DIV　　TB:　　mS/DIV
CH2:　　V/DIV　　Vz=

圖6.9　稽納二極體之波形$V_z=5\,\mathrm{V}$

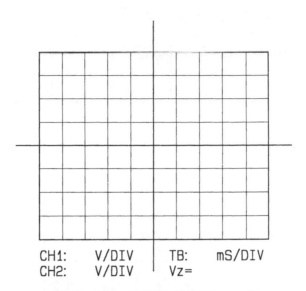

圖**6.10**　稽納二極體的轉移曲線$V_z = 5V$

工作二　稽納二極體電壓變動率的測試

實驗目的：了解線調整率及負載調整率。

實驗步驟：⑴如圖6.11之接線，調整輸入電壓為15V。

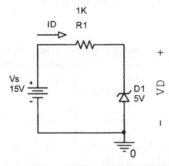

圖**6.11**　稽納二極體電壓變動的測試電路

⑵令 $R_1 = 120K\Omega$, $33K\Omega$, $15K\Omega$, $3.3K\Omega$, $1K\Omega$, 270Ω ，

　　分別測量V_D及I_D之電流 並將結果填於表6.1中。並繪出其膝部

　　電流特性於圖6.12中。（以半對數表繪製）

表6.1　稽納二極體膝部電流對電壓的特性

V_S=25V , R_1=	120K	33K	15K	3.3K	1K	270
V_D						
I_D						

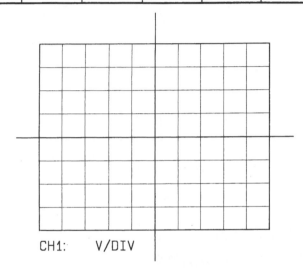

CH1:　　V/DIV

圖6.12　稽納二極體膝部電流特性

⑶令 R_1=1KΩ 逐漸調高電源電壓，測試二極體的電壓及電流，並記錄於表6.2中。

表6.2　稽納二極體負載變動對輸出電壓的影響

V_S	1V	3V	6V	10V	13V	15V	20V	25V
V_D								
I_D								
Line regulation	R_1=1K							

⑷利用 $r_d = \left(\dfrac{\Delta V_O}{\Delta I_D}\right)$ 以計算稽納二極體的動態電阻。

⑸利用表6.2以計算電源調整率：

$$\text{Line Regulation} = \frac{\Delta V_O}{\Delta V_S} \times 100\%$$

⑹令電源電壓爲25V，於稽納二極體兩端分別並上不同的負載電阻，測量二端點之電壓，並將結果填於表6.3中。

表6.3　稽納二極體電源電壓變動對輸出電壓的影響

	10K	5.6K	3.3K	1.8K	1K
V_D					
I_D					
Line regulation	Vs=25V				

(7)利用表6.3之結果計算負載調整率

$$\text{Locd Requlation} = \frac{\Delta V_O}{\Delta I_O} \times 100\%$$

工作三　全波雙電源穩壓電路

實驗目的：瞭解全波雙電源穩壓電路的動作原理與特性。

實驗步驟： (1) 如圖 6.13 的接線。

(2) 記錄 Vac、+Vdc、+Vp 及-Vn 的電壓。

(3) 使用示波器觀察並記錄 Vac、+Vdc、+Vp 及-Vn 的波形於圖 6.14 中。

(4) 移除負載電阻 R_{Lp}，測量輸出電壓+Vdc，計算正電壓輸出的負載調整率。

(5) 如同步驟(4)，移除負載電阻 R_{Ln}，測量輸出電壓-Vdc，計算負電壓輸出的負載調整率。

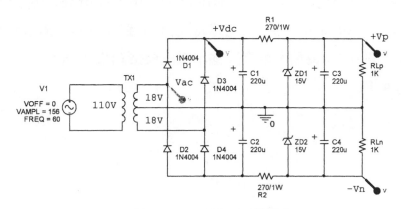

圖6.13　全波雙電源穩壓電路

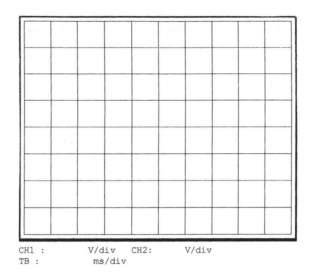

CH1 :　　　　V/div　CH2:　　　　V/div
TB :　　　　　ms/div

圖 6.14　　全波雙電源穩壓電路波形

6.4　電路模擬

本節中將以 Pspice 模擬軟體來分析電路的特性，使電路模型分析的結果與實際電路實驗有一對照。

6.4.1　稽納二極體 V-I 特性曲線電路模擬

如圖 6-15 所示，各元件分別在 eval.slb，source.slb 及 analog.slb，選擇 Time Domain 分析 ，記錄時間自 0 到 50ms，最大分析時間間隔為 0.01ms。圖 6.16 為輸入電壓與輸出電壓模擬結果，圖 6.17 為稽納二極體的 V-I 特性曲線。

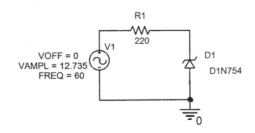

圖 6.15　稽納二極體 V-I 特性曲線模擬電路

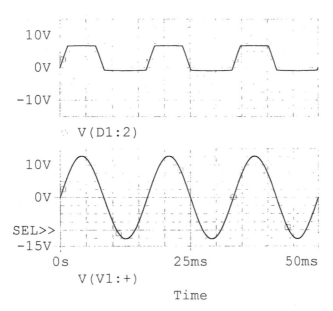

圖 6.16　輸入電壓與輸出電壓波形

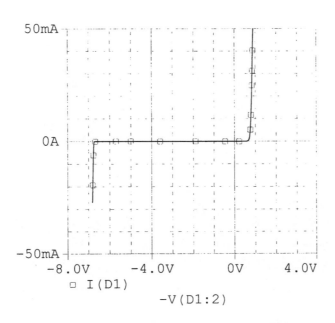

圖 6.17　稽納二極體的 V-I 特性曲線。

第七章
截波電路與
箝位電路

7.1 實驗目的

1. 了解各種截波電路之工作原理。
2. 了解箝位電路的工作原理。

7.2 相關知識：

二極體電路有時用來截掉波形的某些部份，例如將輸入波形高於某一位準的部份截掉，或將輸入波形低於某一位準的部份截掉。此電路又稱為限制器，而箝位電路則用來將電路直流位準加到輸入信號之上，故又稱直流回復器。截波電路與箝位電路的架構至少需要二極體，電阻及一可調直流電壓源。

7.2.1 截波器

截波器依二極體與輸出間的位置可分串聯截波器及並聯截波器，又依其偏壓電源之有無及順逆向之極性可有多重組合，如：

1. 串聯無偏壓正截波器(正半週部分被截掉)
2. 串聯無偏壓負截波器
3. 並聯無偏壓正截波器
4. 並聯無偏壓負截波器
5. 加順向偏壓的串聯正截波器
6. 加順向偏壓的串聯負截波器
7. 加逆向偏壓的串聯正截波器
8. 加逆向偏壓的串聯負截波器
9. 加順向偏壓的並聯正截波器
10. 加順向偏壓的並聯負截波器
11. 加逆向偏壓的並聯正截波器

12. 加逆向偏壓的並聯負截波器

13. 加逆向偏壓的串聯正負截波器……等

　　分析截波器之重點，在於決定何種輸入位準時，二極體會導通，在何種輸入位準時，二極體會截止；而在導通下及截止時，其輸出電壓又如何以決定其輸出波形。

　　幾種常見典型的截波器電路分析如下，為簡單起見，二極體均假設為理想二極體。

一、串聯無偏壓正截波器

1. 電路結構與波形如圖7.1所示。

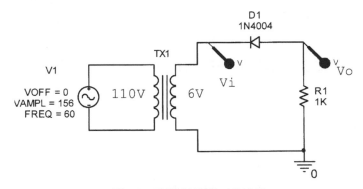

圖7.1 串聯無偏壓正截波器

2. 動作原理：

(1) 當 $V_i > 0$，二極體D截止，$V_o = 0$。

(2) 當 $V_i < 0$，二極體D導通，$V_o = V_i$。

(3) 所以輸入信號正半週的部份被截掉。

二、串聯無偏壓負截波器

1. 電路結構與波形如圖7.2所示。

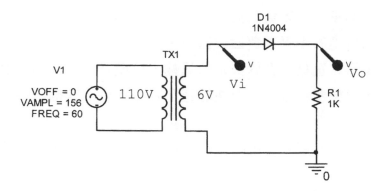

圖7.2　串聯無偏壓負載波器

2.　動作原理：

(1)　當$V_i > 0$，二極體D導通，$V_o = V_i$。

(2)　當$V_i < 0$，二極體D截止，$V_o = 0$。

3.　所以輸入信號負半週的部份被截掉。

三、並聯無偏壓正截波器

1.　電路結構與波形如圖7.3所示。

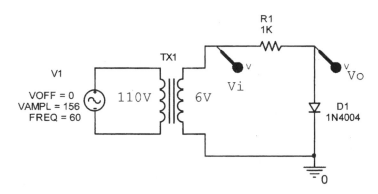

圖7.3　並聯無偏壓正截波器

2.　動作原理：

(1)　當$V_i > 0$，二極體D導通，$V_o = 0$。

(2)　當$V_i < 0$，二極體D截止，$V_o = V_i$。

3.　所以輸入波形的正半週被截掉。

四、並聯無偏壓負截波器

1.　電路結構與波形如圖7.4所示。

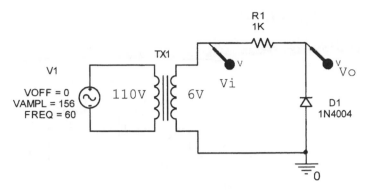

圖7.4　並聯無偏壓負截波器

2.　動作原理：

　(1)　當 $V_i > 0$，二極體D截止，$V_O = V_i$。

　(2)　當 $V_i < 0$，二極體D導通，$V_O = 0$。

3.　所以輸入波形的負半週被截掉。

五、加順向偏壓的串聯正截波器

1.　電路結構與波形如圖7.5所示。

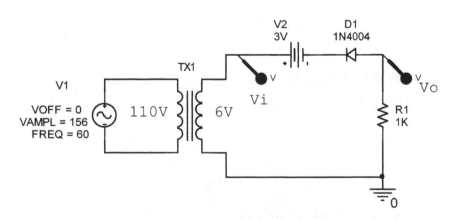

圖7.5　加順向偏壓的串聯正截波器

2.　動作原理：

　(1)　當 $V_i < V_R$，二極體D導通，$V_O = V_i - V_R$。

　(2)　當 $V_i > V_R$，二極體D截止，$V_O = 0$。

3.　所以輸入在 V_R 位準以上的波形被截掉，其餘部份輸出則為輸入減掉 V_R 之偏壓。

六、加順向偏壓的串聯負截波器

1. 電路結構與波形如圖7.6所示。

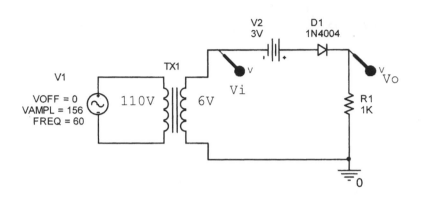

圖7.6 加順向偏壓的串聯負截波器

2. 動作原理：

(1) 當 $V_i > -V_R$ ($-V_i < V_R$)，二極體D導通，$V_O = V_i - V_R$。

(2) 當 $V_i < -V_R$ ($-V_i > V_R$)，二極體D截止，$V_O = 0$。

3. 所以輸入在 $-V_R$ 位準以下的波形被截掉，其餘部份則被加上 V_R 之偏壓。

七、加順向偏壓的串聯正截波器

1. 電路結構與波形如圖7.7所示。

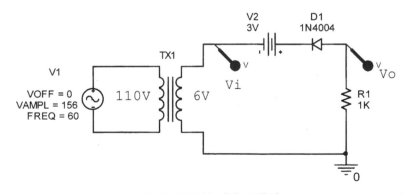

圖7.7 加逆向偏壓的串聯正截波器

2.　動作原理：

(1)　當 $V_i > -V_R$ $(-V_i < V_R)$，二極體D截止，$V_O = 0$。

(2)　當 $V_i < -V_R$ $(-V_i > V_R)$，二極體D導通，$V_O = V_i + V_R$。

3.　所以輸入在 $-V_R$ 位準以上的波形被截掉，其餘則被扣除V_R之偏壓。

八、加逆向偏壓的串聯負截波器

1.　電路結構與波形如圖7.8所示。

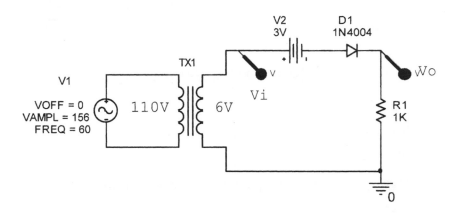

圖7.8　加逆向偏壓的串聯負截波器

2.　動作原理：

(1)　當 $V_i > V_R$，二極體D導通，$V_O = V_i - V_R$。

(2)　當 $V_i < V_R$，二極體D截止，$V_O = 0$。

3.　所以輸入在V_R位準以上的波形被截掉，其餘輸出部份被扣除V_R之偏壓。

九、加順向偏壓的並聯正截波器

1.　電路結構與波形如圖7.9所示。

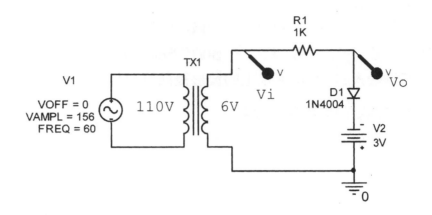

圖7.9 加順向偏壓的並聯正截波器

2. 動作原理：

(1) 當 $V_i > -V_R$，二極體D導通，$V_O = -V_R$。

(2) 當 $V_i < -V_R$，二極體D截止，$V_O = V_R$。

3. 所以輸入在 $-V_R$ 位準以上的波形被截掉，而固定於 $-V_R$ 之偏壓，其餘則與輸入同。

十、加順向偏壓的並聯負截波器

1. 電路結構與波形如圖7.10所示。

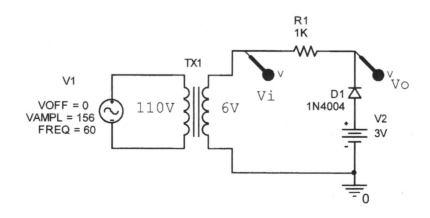

圖7.10 加順向偏壓的並聯負截波器

2. 動作原理：

⑴　當$V_i < V_R$，二極體D導通，$V_O = V_R$。

⑵　當$V_i > V_R$，二極體D截止，$V_O = V_i$。

3. 所以輸入在V_R位準以上的波形被截掉，而固定於V_R之偏壓，其餘則與輸入同。

十一、加逆向偏壓的並聯正截波器

1. 電路結構與波形如圖7.11所示。

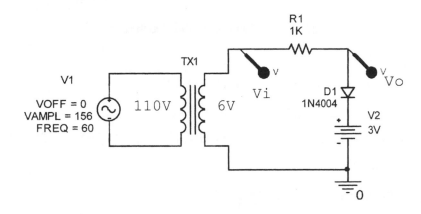

圖7.11　加逆向偏壓的並聯正截波器

2. 動作原理：

⑴　當$V_i > V_R$，二極體D導通，$V_O = V_R$。

⑵　當$V_i < V_R$，二極體D截止，$V_O = V_i$。

3. 所以輸入在V_R位準以上的波形被截掉，而固定於V_R之偏壓，其餘則與輸入同。

十二、加逆向偏壓的並聯負截波器

1. 電路結構與波形如圖7.12所示。

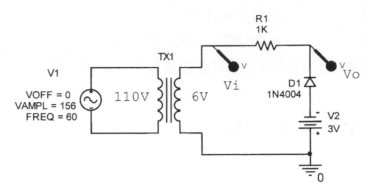

圖7.12　加逆向偏壓的並聯負截波器

2.　動作原理：

　　(1)　當$V_i > -V_R$，二極體D截止，$V_O = V_i$。

　　(2)　當$V_i < -V_R$，二極體D導通，$V_O = -V_R$。

3.　所以輸入在$-V_R$位準以上的波形被截掉，而固定於$-V_R$之偏壓，其餘
　　則與輸入同。

十三、加逆向偏壓的並聯正負截波器

1.　電路結構與波形如圖7.13所示。

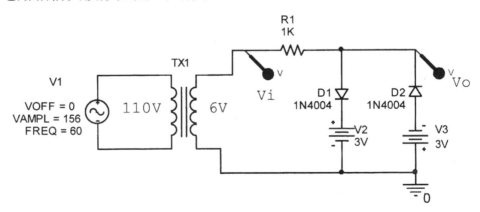

圖7.13　加逆向偏壓的串聯正負截波器

2.　動作原理：

　　(1)　當$V_i > V_{R1}$，二極體D1導通，二極體D2截止，$V_O = V_{R1}$。

　　(2)　當$V_i < -V_{R2}$，二極體D2導通，二極體D1截止，$V_O = -V_{R2}$。

　　(3)　當$-V_{R2} < V_i < V_{R1}$，二極體D1及D2均截止，$V_O = V_i$。

3. 所以輸入在V_{R1}以上及$-V_{R2}$以下的波形被截掉，而輸出分別固定於$+V_{R1}$及$-V_{R2}$之處，其它部份則與輸入相同，即僅介於$+V_{R1}$，及$-V_{R2}$之間的波形維持原狀。

7.2.2　箝位電路

箝位電路的功能是將傳送信號的直流位準重新建立在某一參考位準上，而不改變傳送信號的交流信號，所以又稱為直流重建器或簡稱箝位器。

箝位器的基本元件為一個二極體、一個電容及一個電阻器，有時候也需要加一個直流電池。其中R，C的時間常數必須遠大於輸入訊號週期而依波形在參考準位而分為正箝位器(輸出信號都在參考電壓以上)及負箝位器(輸出信號都在參考電壓以下)等兩種。

箝位器依有無偏壓及偏壓的極性可分為：簡單的正箝位器、簡單的負箝位器、加順向偏壓的正箝位器、加順向偏壓的負箝位器、加逆向偏壓的正箝位器、加逆向偏壓的負箝位器等。

一、簡單的正箝位器

1. 電路結構與波形如圖7.14所示。

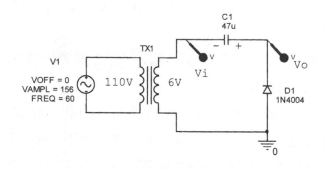

圖7.14　簡單的正箝位器

2. 電路動作原理：
   ⑴ 當輸入於負半週時，二極體順偏，電容器C被充電到$+V_m$，極性如圖所示。
   ⑵ 當輸入經過負半週之峰值($-V_m$)，則二極體因電容器C上的電壓而反偏關閉，輸出為$V_i + V_m$。

3. 由於RC時間常數遠大於輸入訊號週期，因此在整個週期內，我們假設電容器的電壓相當於V_m，僅有稍許的電壓降(此電壓降予忽略)。

4. 直到再下一個波形的負半週峰值期間，二極體才再度導通以補充於上一週期內的電荷損失。

5. 故輸出均維持在0V以上。

二、簡單的負箝位器

1. 電路結構與波形如圖7.15所示。

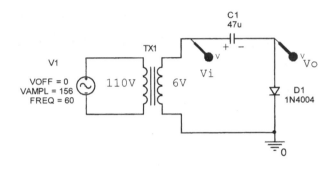

圖7.15　簡單的負箝位器

2. 電路動作原理：

(1) 當輸入於正半週時，二極體順偏，電容器C被充電到$+V_m$，極性如圖所示。

(2) 當輸入經過正半週之峰值($+V_m$)，則二極體因電容器C上的電壓而反偏關閉，輸出為$V_i - V_m$。

3. 由於RC時間常數遠大於輸入訊號週期，因此在整個週期內，我們假設電容器的電壓相當於V_m，僅有稍許的電壓降(此電壓降予忽略)。

4. 直到再下一個波形的正半週峰值期間，二極體才再度導通以補充於上一週期內的電荷損失。

5. 故輸出均維持在0V以下。

三、加順向偏壓的正箝位器

1. 電路結構與波形如圖7.16所示。

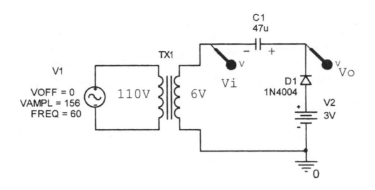

圖7.16　加順向偏壓的正箝位器

2. 電路動作原理：
   (1) 當輸入於負半週時，二極體順偏，電容器C被充電到$V_m + V_R$，極性如圖所示。
   (2) 當輸入經過負半週之峰值$(-V_m)$，則二極體因電容器C上的電壓而反偏關閉，輸出為$V_i + V_m k + V_R$。
3. 由於RC時間常數遠大於輸入訊號週期，因此在整個週期內，我們假設電容器的電壓相當於$V_m + V_R$，僅有稍許的電壓降(此電壓降予忽略)。
4. 直到再下一個波形的負半週峰值期間，二極體才再度導通以補充於上一週期內的電荷損失。
5. 故輸出均維持在V_R以上。

四、加順向偏壓的負箝位器

1. 電路結構與波形如圖7.17所示。

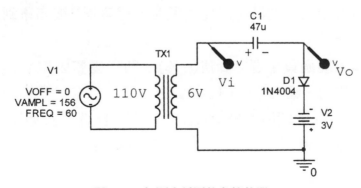

圖7.17　加順向偏壓的負箝位器

2. 電路動作原理：

　(1)　當輸入於正半週時，二極體順偏，電容器C被充電到$V_m + V_R$，極性如圖所示。

　(2)　當輸入經過正半週之峰值(V_m)，則二極體因電容器C上的電壓而反偏關閉，輸出為$Vi - V_m - V_R$。

3. 由於RC時間常數遠大於輸入訊號週期，因此在整個週期內，我們假設電容器的電壓相當於$V_m + V_R$，僅有稍許的電壓降(此電壓降予忽略)。

4. 直到再下一個波形的負半週峰值期間，二極體才再度導通以補充於上一週期內的電荷損失。

5. 故輸出均維持在$-V_R$以下。

五、加逆向偏壓的正箝位器

1. 電路結構與波形如圖7.18所示。

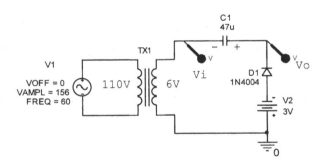

圖7.18　加逆向偏壓的正箝位器

2. 電路動作原理：

　(1)　當輸入於負半週時，二極體順偏，電容器C被充電到$V_m - V_R$，極性如圖所示。

　(2)　當輸入經過負半週之峰值($-V_m$)，則二極體因電容器C上的電壓而反偏關閉，輸出為$V_i + V_m - V_R$。

3. 由於RC時間常數遠大於輸入訊號週期，因此在整個週期內，我們假設電容器的電壓相當於$V_m - V_R$，僅有稍許的電壓降(此電壓降予忽略)。

4. 直到再下一個波形的負半週峰值期間，二極體才再度導通以補充於上一週期內的電荷損失。

5. 故輸出均維持在－V_R以上。

六、加逆向偏壓的負箝位器

1. 電路結構與波形如圖7.19所示。

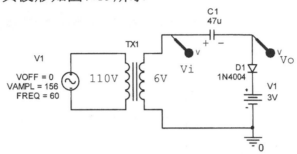

圖7.19　加逆向偏壓的負箝位器

2. 電路動作原理：
   (1) 當輸入於正半週時，二極體順偏，電容器C被充電到$V_m - V_R$，極性如圖所示。
   (2) 當輸入經過正半週之峰值(V_m)，則二極體因電容器C上的電壓而反偏關閉，輸出為$V_i - V_m + V_R$。

3. 由於RC時間常數遠大於輸入訊號週期，因此在整個週期內，我們假設電容器的電壓相當於$V_m + V_R$，僅有稍許的電壓降(此電壓降予忽略)。

4. 直到再下一個波形的負半週峰值期間，二極體才再度導通以補充於上一週期內的電荷損失。

5. 故輸出均維持在＋V_R以下。

7.3　實驗項目

材料表：電源變壓器　110V／0-3-4.5-6-9-12V(1A)×1
　　　　稽納二極體　1N4004×2
　　　　電阻　　　　1KΩ×1
　　　　電解電容　　47μf×1
　　　　電池組　　　1.5V×2 含電池組

工作一　截波電路

實驗目的：了解截波電路之輸出波形與轉移曲線

實驗步驟：(1)如圖7.1之接線，二極體使用1N4004，電阻$R = 470\,\Omega$歐姆，電壓V，V_R，V_{R1}，V_{R2}均設定為3V，V_i使用電源變壓器，二次電壓為6V。

(2)示波器CH1，CH2分別測量輸入及輸出電壓波形，並將結果繪於圖7.20(a)。

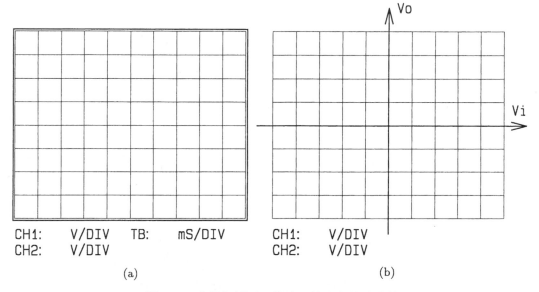

CH1:	V/DIV	TB:	mS/DIV	CH1:	V/DIV
CH2:	V/DIV			CH2:	V/DIV

(a)　　　　　　　　　　　　　　(b)

圖7.20　串聯無偏壓正截波器波形與轉移曲線

(3)將示波水平掃描選在X-Y mode，並將示波器兩輸入耦合開關轉到GND位置，然後將光點調整於CRT之中心點(歸零)。

(4)將輸入耦合開關轉到"DC"位置以觀察其轉移曲線。並將結果記錄於圖7.20(b)中。

(5)將電路圖改為圖7.2至圖7.13，重複以上實驗，並將結果分別記錄於圖7.21至圖7.32中。

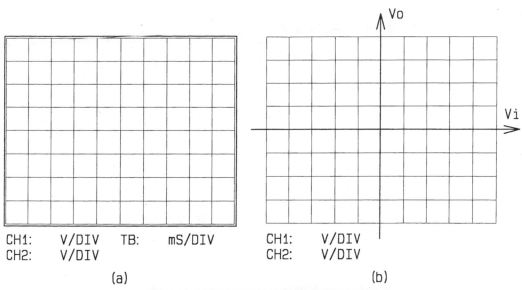

CH1:   V/DIV   TB: mS/DIV
CH2:   V/DIV

(a)

CH1:   V/DIV
CH2:   V/DIV

(b)

圖7.21 串聯無偏壓負截波器波形與轉移曲線

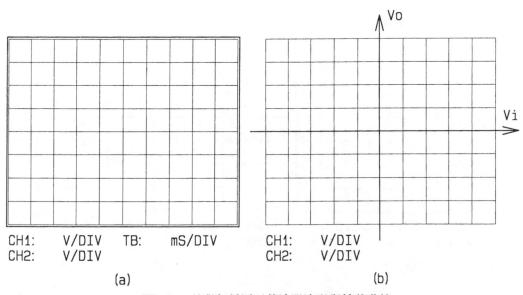

CH1:   V/DIV   TB: mS/DIV
CH2:   V/DIV

(a)

CH1:   V/DIV
CH2:   V/DIV

(b)

圖7.22 並聯無偏壓正截波器波形與轉移曲線

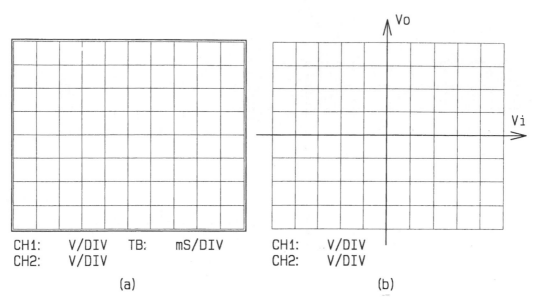

CH1:　　　V/DIV　TB:　　mS/DIV　　CH1:　　　V/DIV
CH2:　　　V/DIV　　　　　　　　　CH2:　　　V/DIV

(a)　　　　　　　　　　　　　(b)

圖7.23　並聯無偏壓負截波器波形與轉移曲線

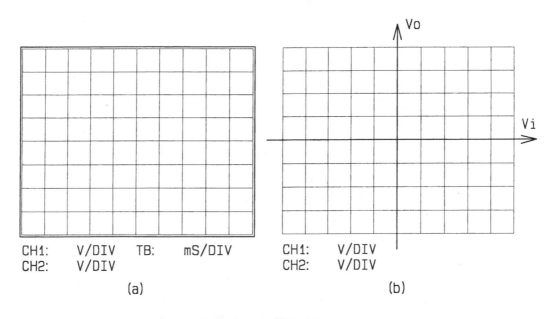

CH1:　　　V/DIV　TB:　　mS/DIV　　CH1:　　　V/DIV
CH2:　　　V/DIV　　　　　　　　　CH2:　　　V/DIV

(a)　　　　　　　　　　　　　(b)

圖7.24　加順向偏壓的串聯正截波器波形與轉移曲線

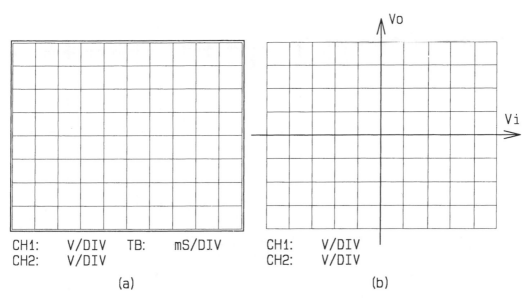

CH1: 　　V/DIV　　TB: 　　mS/DIV
CH2: 　　V/DIV

(a)

CH1: 　　V/DIV
CH2: 　　V/DIV

(b)

圖7.25　加順向偏壓的串聯負截波器波形與轉移曲線

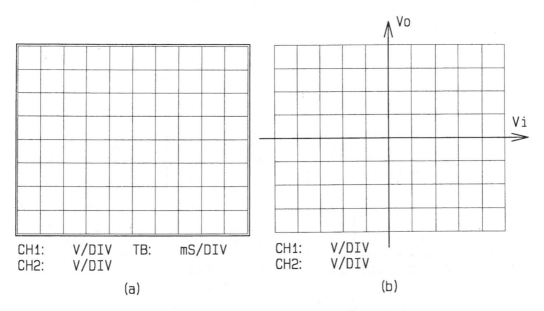

CH1: 　　V/DIV　　TB: 　　mS/DIV
CH2: 　　V/DIV

(a)

CH1: 　　V/DIV
CH2: 　　V/DIV

(b)

圖7.26　加逆向偏壓的串聯正截波器波形與轉移曲線

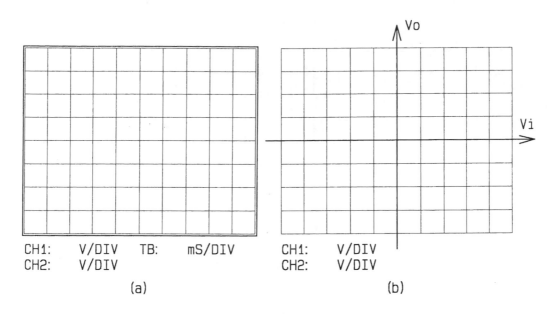

CH1:　　　V/DIV　　TB:　　mS/DIV　　　CH1:　　　V/DIV
CH2:　　　V/DIV　　　　　　　　　　　CH2:　　　V/DIV

(a)　　　　　　　　　　　　　　　　　(b)

圖7.27　加逆向偏壓的串聯負截波器波形與轉移曲線

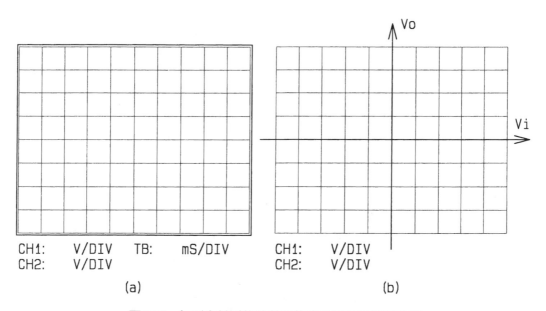

CH1:　　　V/DIV　　TB:　　mS/DIV　　　CH1:　　　V/DIV
CH2:　　　V/DIV　　　　　　　　　　　CH2:　　　V/DIV

(a)　　　　　　　　　　　　　　　　　(b)

圖7.28　加順向偏壓的並聯正截波器波形與轉移曲線

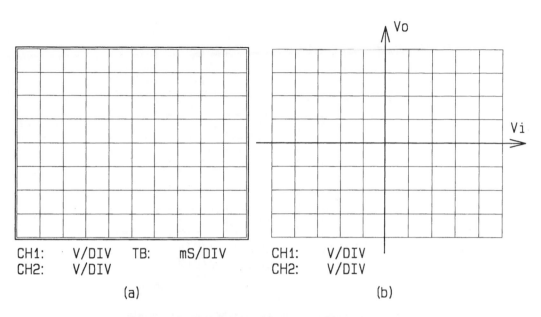

CH1:　　V/DIV　TB:　　mS/DIV　　CH1:　　V/DIV
CH2:　　V/DIV　　　　　　　　　　CH2:　　V/DIV
(a)　　　　　　　　　　　　　　　　(b)

圖7.29　加順向偏壓的並聯負截波器波形與轉移曲線

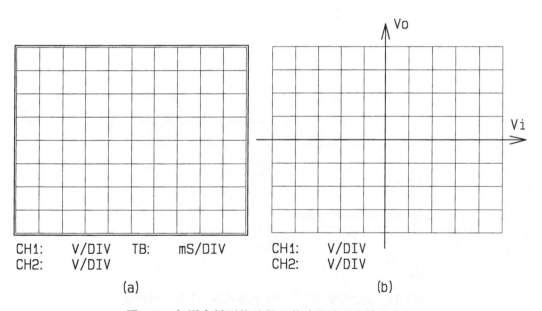

CH1:　　V/DIV　TB:　　mS/DIV　　CH1:　　V/DIV
CH2:　　V/DIV　　　　　　　　　　CH2:　　V/DIV
(a)　　　　　　　　　　　　　　　　(b)

圖7.30　加逆向偏壓的並聯正截波器波形與轉移曲線

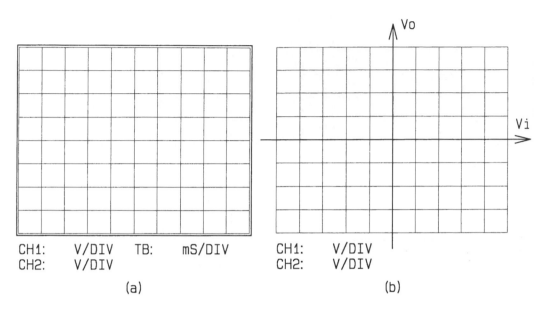

CH1: ___ V/DIV TB: ___ mS/DIV   CH1: ___ V/DIV
CH2: ___ V/DIV   CH2: ___ V/DIV
(a)   (b)

圖7.31 加逆向偏壓的並聯負截波器波形與轉移曲線

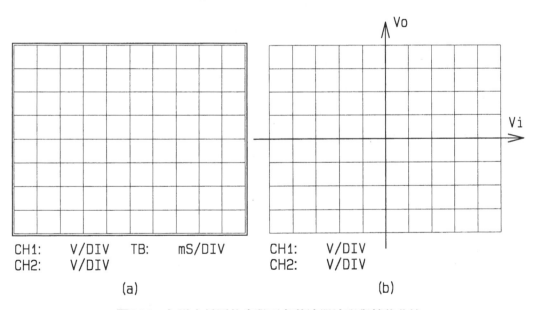

CH1: ___ V/DIV TB: ___ mS/DIV   CH1: ___ V/DIV
CH2: ___ V/DIV   CH2: ___ V/DIV
(a)   (b)

圖7.32 加逆向偏壓的串聯正負截波器波形與轉移曲線

工作二　箝位電路之波形與轉移區線

實驗目的： 了解箝位電路之輸出波形與轉移區線。

實驗步驟： (1)如圖7.14之接線，二極體使用1N4004，電阻R＝470Ω，電容
器為10μf及100μf，電壓V，V_R，V_{R1}，V_{R2}均設定為3V，輸入
使用電源變壓器，二側電壓為6V。

(2)示波器CH1，CH2分別測量輸入及輸出電壓波形，並將結果繪
於圖7.33(a)。

(3)將示波水平掃描選在X-Y mode，並將示波器兩輸入耦合開關
轉到GND位置，然後將光點調整於CRT之中心點(歸零)。

(4)將輸入耦合開關轉到"DC"位置以觀察其轉移曲線。並將結果
記錄於圖7.33(b)中。

(5)將電路圖改為圖7.15至圖7.19，重複以上實驗，並將結果分別
記錄於圖7.34至圖7.38中。

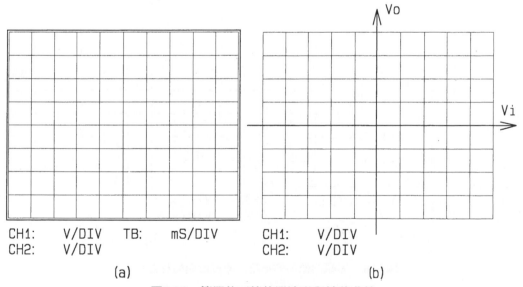

圖**7.33**　簡單的正箝位器波形與轉移曲線

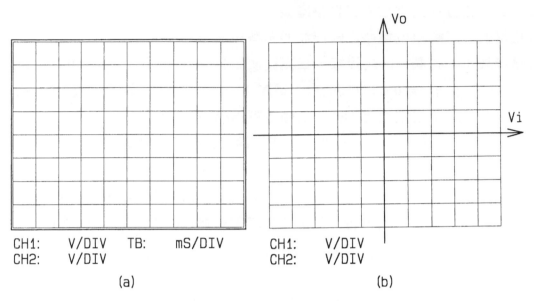

CH1:　　V/DIV　TB:　　mS/DIV　　　CH1:　　V/DIV
CH2:　　V/DIV　　　　　　　　　　CH2:　　V/DIV

(a)　　　　　　　　　　　　　　　(b)

圖7.34　簡單的負箝位器波形與轉移曲線

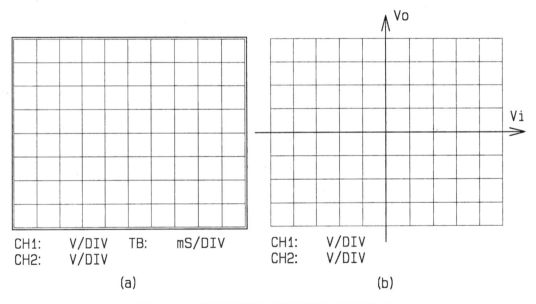

CH1:　　V/DIV　TB:　　mS/DIV　　　CH1:　　V/DIV
CH2:　　V/DIV　　　　　　　　　　CH2:　　V/DIV

(a)　　　　　　　　　　　　　　　(b)

圖7.35　加順向偏壓的正箝位器波形與轉移曲線

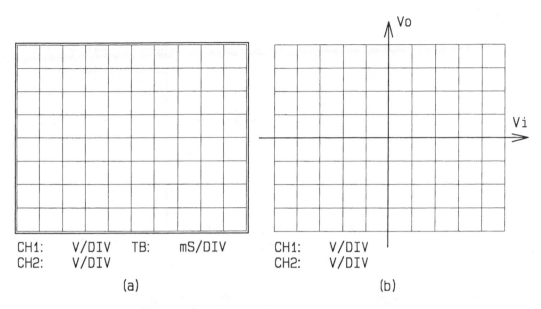

CH1: ____ V/DIV TB: ____ mS/DIV
CH2: ____ V/DIV

(a)

CH1: ____ V/DIV
CH2: ____ V/DIV

(b)

圖7.36 加順向偏壓的負箝位器波形與轉移曲線

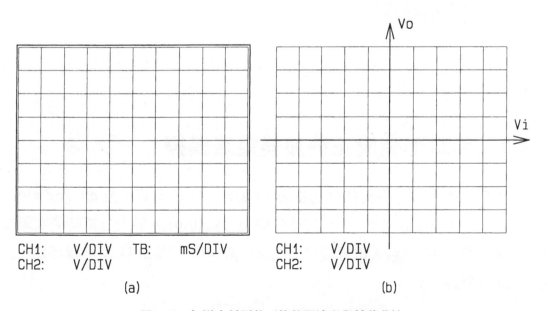

CH1: ____ V/DIV TB: ____ mS/DIV
CH2: ____ V/DIV

(a)

CH1: ____ V/DIV
CH2: ____ V/DIV

(b)

圖7.37 加逆向偏壓的正箝位器波形與轉移曲線

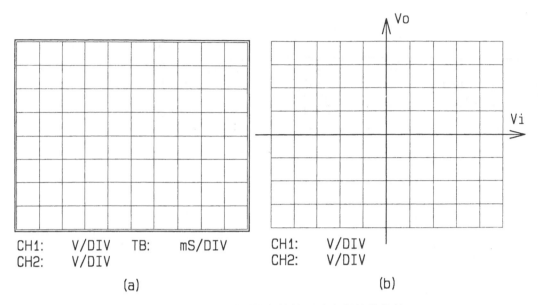

CH1: V/DIV TB: mS/DIV
CH2: V/DIV

(a)

CH1: V/DIV
CH2: V/DIV

(b)

圖7.38 加逆向偏壓的負箝位器波形與轉移曲線

7.4 電路模擬

本節中將以 Pspice 模擬軟體來分析電路的特性，使電路模型分析的結果
與實際電路實驗有一對照。

7.4.1 串聯無偏壓正截波器電路模擬

如圖 7.39 所示，各元件分別在 eval.slb，source.slb 及 analog.slb，
選擇 Time Domain 分析 ，記錄時間自 0 到 50ms，最大分析時間間隔為
0.01ms。圖 7.40 為輸入電壓與輸出電壓模擬結果，圖 7.41 為串聯無偏壓正
截波器的轉移曲線。

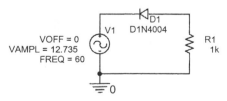

VOFF = 0
VAMPL = 12.735
FREQ = 60

V1

D1
D1N4004

R1
1k

0

圖 7.39 串聯無偏壓正截波器電路

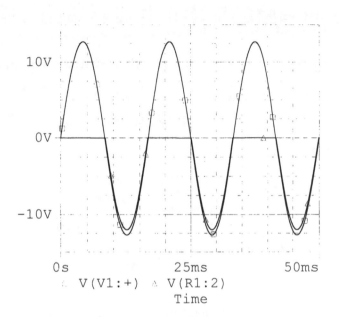

圖 7.40　輸入電壓與輸出電壓

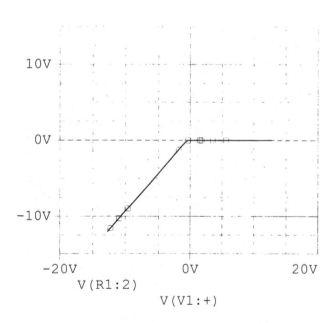

圖 7.41　串聯無偏壓正截波器的轉移曲線

7.4.2 加順向偏壓的串聯正截波器電路模擬

如圖 7.42 所示,各元件分別在 eva1.slb , source.slb 及 analog.slb,
選擇 Time Domain 分析 ,記錄時間自 0 到 50ms,最大分析時間間隔為
0.01ms。圖 7.43 為輸入電壓與輸出電壓模擬結果,圖 7.44 為加順向偏壓的
串聯正截波器的轉移曲線。

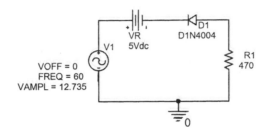

圖 7.42 加順向偏壓的串聯正截波器電路

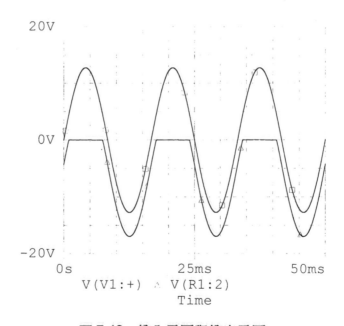

圖 7.43 輸入電壓與輸出電壓

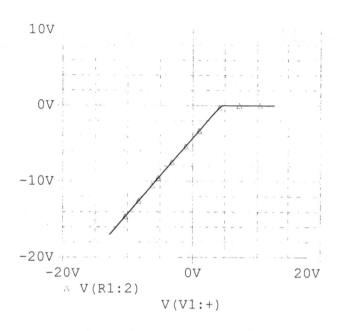

圖 7.44　加順向偏壓的串聯正截波器的轉移曲線

7.4.3　加順向偏壓的並聯正截波器電路模擬

如圖 7.45 所示，各元件分別在 eva1.slb，source.slb 及 analog.slb，選擇 Time Domain 分析 ，記錄時間自 0 到 50ms，最大分析時間間隔為 0.01ms。圖 7.46 為輸入電壓與輸出電壓模擬結果，圖 7.47 為加順向偏壓的並聯正截波器的轉移曲線。

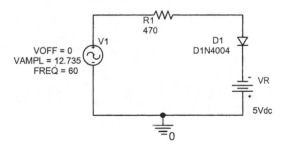

圖 7.45　加順向偏壓的並串聯正截波器電路

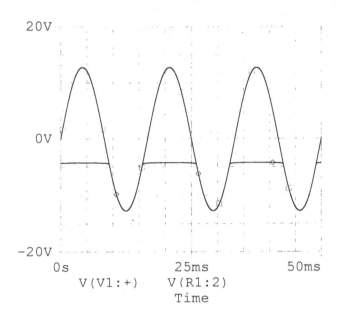

圖 7.46 輸入電壓與輸出電壓

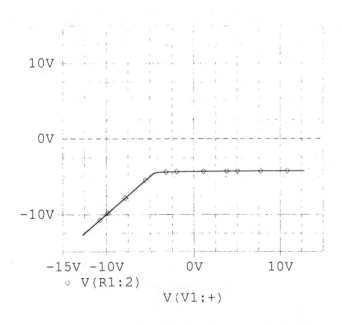

圖 7.47 加順向偏壓的並聯正截波器的轉移曲線

7.4.4　加逆向偏壓的並聯正負截波器電路模擬

　　如圖 7.48 所示，各元件分別在 eva1.slb，source.slb 及 analog.slb，選擇選擇Time Domain分析 ，記錄時間自 0 到 50ms，最大分析時間間隔為 0.01ms。圖 7.49 為輸入電壓與輸出電壓模擬結果，圖 7.50 加逆向偏壓的並聯正負截波器的轉移曲線。

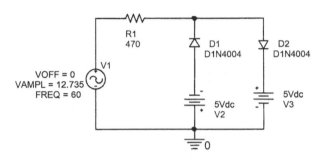

圖 7.48　加逆向偏壓的並聯正負截波器電路

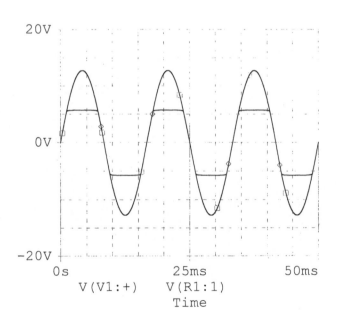

圖 7.49　輸入電壓與輸出電壓

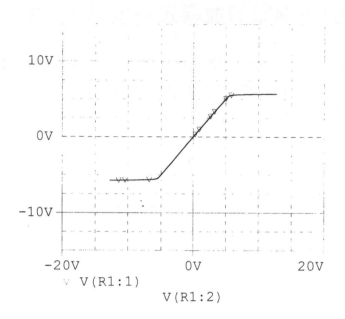

圖 7.50　加逆向偏壓的並聯正負截波器的轉移曲線

第八章
電晶體的構造
及基本操作

8.1　實驗目的

1. 瞭解電晶體的構造及工作原理。
2. 認識電晶體外型、編號及接腳的識別。
3. 認識電晶體規格表。
4. 如何使用三用電表測量電晶體。
5. 電晶體特性的測量。

8.2　相關知識

　　電晶體為最重要的電子元件之一，其構造主要分為在兩個N型半導體材料中夾著一層P型材料的NPN型電晶體，以及在兩個P型半導體材料中夾著一層N型材料的PNP型電晶體。圖8.1為電晶體結構示意圖，而圖8.2為電晶體的電路符號。圖8.3為NPN型電晶體的剖面圖。

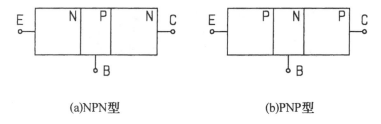

(a)NPN型　　　　　　　　　　　　(b)PNP型

圖8.1　電晶體結構示意圖

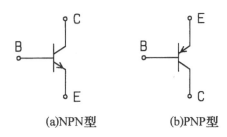

(a)NPN型　　　(b)PNP型

圖8.2　電晶體的電路符號

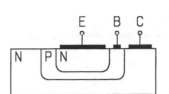

圖8.3　NPN型電晶體的剖面圖

8.2.1　電晶體的操作模式

　　電晶體其操作模式根據兩個PN接面偏壓的方式，可分爲作用區，飽和區及截止區，如表8.1所示。當電晶體作爲放大器使用時，則電晶體操作於作用區。而在數位邏輯電路中，電晶體則操作於飽和區及截止區。

表8.1　電晶體的偏壓與操作模式

操作模式	B－E 接面	B－C 接面
作 用 區	順 偏	反 偏
飽 和 區	順 偏	順 偏
截 止 區	反 偏	反 偏

8.2.2　電晶體的電流

　　考慮電晶體在作用區時，其偏壓方式如圖8.4所示。在射極-基極間的順向偏壓使電流流經過此一接面，此電流由兩個部份組成，一個是從射極注入基極的電子電流。另一個則是從基極注入射極的電洞電流。(也因爲電晶體的電流分別由電子及電洞構成，故又稱之爲雙載子電晶體-BJT)。此流經射極-基極的電流構成射極電流I_E，如圖8.5所示。I_E的電流是流出射極端點。此和電洞流動方向相同，而和電子流動的方向相反。

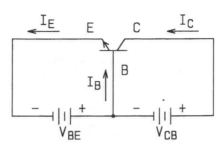

圖8.4 電晶體在作用區的偏壓方式

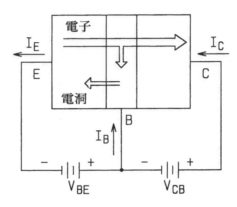

圖8.5 電晶體在作用區的電流

I_E的大小是此兩種載子電流的和。然而由於射極的電子摻雜濃度遠較基極的電洞濃度高,因此對NPN型電晶體而言,射極電流主要由電子構成。相反的,PNP型電晶體,射極電流則主要由電洞構成。

此射入基極的電流,由於基極的寬度很窄,因此僅有少部份的電子會在基極區內與電洞結合,大部份注入的電子會穿過基極而到達集極構成集極電流。此極極電流可表示為:

$$I_C = I_s e^{\frac{V_{BE}}{V_T}} \tag{8.1}$$

式中I_s稱為飽和電流,其大小與接面面積成正比,V_T則為溫度伏特當量(熱電壓)而在作用區內的基極電流為:

$$I_B = \frac{I_C}{\beta} \text{ 或 } I_C = \beta \times I_B \tag{8.2}$$

式中β稱為共射電流增益,而射極電流I_E為

$$I_E = I_C + I_B = \beta I_B + I_B$$

$$= (1 + \beta)\, I_B \tag{8.3}$$

$$\text{或} I_E = (1 + \beta) \cdot \frac{I_C}{\beta}$$

$$\text{或} I_C = \frac{\beta}{1 + \beta}\, I_E = \alpha \cdot I_E \tag{8.4}$$

　　從(8.1)式得知，電晶體的B-E特性有如二極體(電流方程式與二極體的電流方程式相同)，因此結合(8.1)式及(8.2)式可得電晶體的直流模型如圖8.6(a)所示，又結合方程式(8.1)及(8.4)可得另一種電晶體模型，如圖8.6(b)所示。又電晶體的V_{BE}電壓幾乎可視為固定的0.7V，因此圖8.6的模型又可簡化成如圖8.7所示。

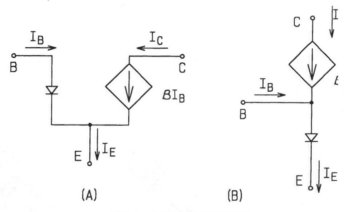

圖8.6　電晶體的直流模型

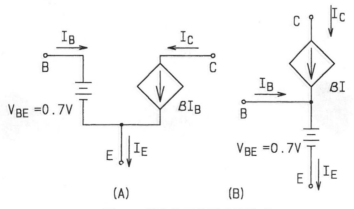

圖8.7　簡化的電晶體直流模型

8.2.3 電晶體的種類及包裝

製造商通常將電晶體分成三類：(1)通用／小信號元件、(2)高功率元件、(3)射頻／微波元件等之類。而每一類各有其不同的包裝。

通用／小信號電晶體：一般用於中、小功率的放大器或開關電路，其包裝為塑膠或金屬外殼，有些包裝還包括有多個電晶體，如圖8.8所示。

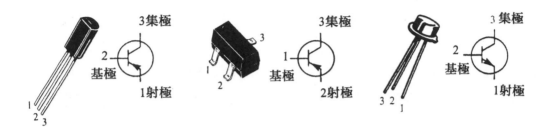

圖8.8 通用／小信號電晶體包裝

功率電晶體：功率電晶體主要用來控制大電流且／或高電壓。例如立體音響最後一級功率放大器，它用來驅動喇叭。圖8.9(a)為常見的功率電晶體的包裝。在一般應用上，金屬外殼通常是集極且連接到散熱片上，以散逸電晶體產生的熱量。

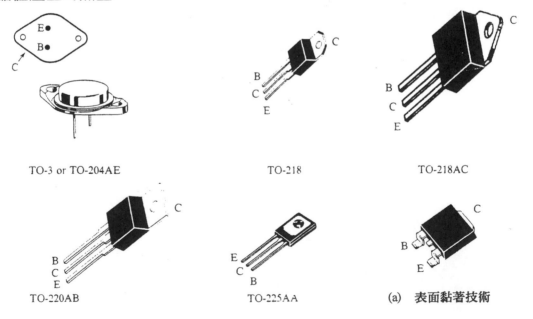

圖8.9 (a)為常見的功率電晶體的包裝

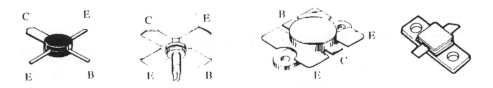

圖**8.9**　(b)射頻電晶體包裝

射頻電晶體：射頻電晶體主要設計用來操作較高的頻率，如通信系統或高頻方面的應用。它們的外形和接腳的設計成具有最佳的高頻參數。如圖8.9(b)所示。

8.2.4　電晶體的最大額定

電晶體的最大額定有：集-基極電壓(V_{CB})，集-射極電壓(V_{CE})，集極電流(I_C)及散逸功率(P_D)等。其任何操作情況下，V_{CE}與I_C之乘積，不可大於額定散逸功率，因此V_{CE}和I_C不可能同時均為最大額定值，即二者間受下式所限制：

$$P_D = V_{CE} \times I_C \tag{8.5}$$

因此電晶體的安全工作區如圖8.10所示，其分別受$I_{C,\,max}$，$V_{CE,\,max}$，$P_{D,\,max}$所限制。$P_{D,\,max}$通常指在25℃溫度下的最大操作功率。若溫度升高則$P_{D,\,max}$會降低。一般在電晶體的規格表內有此項『額降因數』，例如，額降因數2 mW/℃，則表示溫度每升1℃，則額定散逸功率會減少2mW。例如某電晶體的$P_{D,\,max}$額定值於25℃時為1W，其額降因數為5mW/℃，求70℃時的$P_{D,\,max}$？

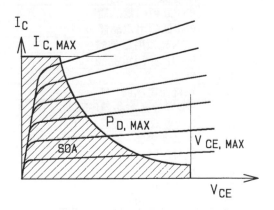

圖**8.10**　電晶體的安全工作區 (SOA)

解：$P_{D, max}$的減低量為

$$\Delta P_{D, max} = \left(\frac{5mW}{°C}\right)(70°C - 25°C)$$

$$= \left(\frac{5mW}{°C}\right)(45°C)$$

$$= 225mW$$

因此70°C的$P_{D, max}$為

$$P_{D, max}(70°C) = 1W - 225mW = 0.775W$$

8.2.5 電晶體的編號

世界各地的電晶體編號規則，都不一樣，其中以日本的編號較有規則可尋。

1. 日製電晶體：如表8.2所示。

表8.2 日製電晶體的編號規則

項次	1	2	3	4	5
符號	2	S	C	1815	A

項次	符號	說明
1	0	光電晶體或光二極體
	1	二極體
	2	電晶體
	3	四極體
2	S	半導體
3	A	PNP高頻用電晶體
	B	PNP低頻用電晶體
	C	NPN高頻用電晶體
	D	NPN低頻用電晶體
	F	SCR
	H	單接面電晶體UJT
	J	P型場效應電晶體P-FET
	K	N型場效應電晶體N-FET
4	XXXX	電晶體序號
5	A-D	改良序號
	O	h_{FE}：70-140
	Y	h_{FE}：120-240
	GR	h_{FE}：200-400
	BL	h_{FE}：350-700

2. 歐洲製：如表8.3。

表8.3　歐洲製電晶體編號規則

項　次	1	2	3
符　號	B	C	111

項　次	符號	說　明
1	A	鍺電晶體
	B	矽電晶體
	C	金屬化合物
	D	輻射檢波器用材料
2	A	小功率二極體
	C	小功率低頻用
	D	大功率低頻用
	E	透納二極體
	F	小功率高頻用
	L	大功率高頻用
	S	小功率開關用
	U	大功率開關用
	Y	大功率二極體
	Z	稽納二極體
3	XXX	電晶體序號

3. 美國製：美製電晶體僅以1NXXX表示二極體，2NXXX表示三極體，3NXXX表示四極體，致於其功用需查閱規格表。

4. 其它：電晶體尚有許多不同的編號，如以CSXXX，TIPXX，……等，詳細內容需查閱製造廠商的規格表。

8.2.6　電晶體的測量

從電晶體的架構而言，電晶體可視為二個背對背(NPN型)或是二個面對面(PNP型)的二極體，如圖8.11所示。而射極因摻雜濃度很高，因此使得V_{BE}

接面的崩潰電壓頗低(5-6V左右)，故能以三用電表簡單的測試電晶的型式，
接腳，並判別其好壞。

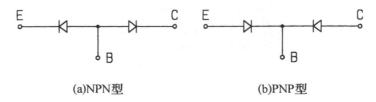

(a)NPN型　　　　　　　　(b)PNP型

圖8.11　電晶體的架構

一、NPN型或PNP型的判別及接腳的判定

如圖8.12所示。

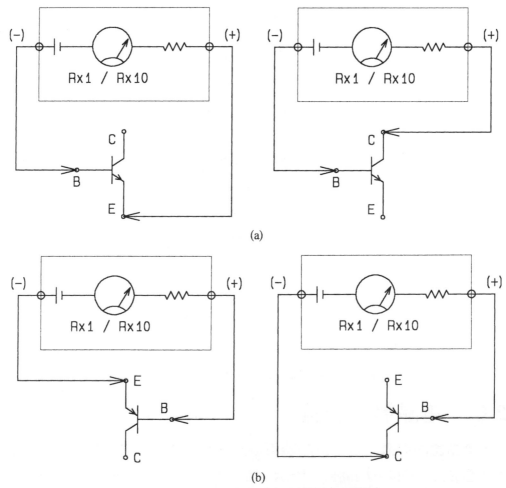

圖8.12　使用三用電表判別電晶體基極接腳

1.　將三用電表選擇開關轉到R×10或R×1檔。

2.　測試棒分別測量電晶體的任何兩腳，(功率型電晶體只有二支接腳，而外殼爲第三支接腳，其連接到電晶體的集極)，則會有某支接腳對另外兩支接腳皆呈現低電阻狀態，若紅-黑測試棒相反則否，則此參考接腳爲電晶體的基極。

3.　如果使用的指針式的電表，而兩方向導通時，基極接的是紅棒(接至電表內部電池負端)，則電晶體爲PNP型，如圖8.12(b)所示。若基極接的是電表的黑棒，則電晶體爲NPN型，如圖8.12(a)所示。

　　數位式電表通常紅棒接的爲內部電池的正端，因此若使用數位電表測量時，則基極接紅棒時，表示該電晶體爲NPN型，反之爲PNP型。

4.　若電表測試棒交換，兩端均導通或均不通，則表示電晶體已損壞或該元件可能並非是電晶體。

二、鍺或矽材質的判定

　　在前面測試步驟一，如果導通時LV刻度約爲0.6V，則該電晶體爲矽質，如果導通時LV刻度約爲0.2V，則該電晶體爲鍺質。

三、 射極及集極的判別

　　將電表開關轉到R×10K(最高電阻檔)，此時電表的內部電池約爲12V，因此若以此電壓反偏加到V_{BE}接面，則因V_{BE}反向耐壓較低而崩潰，(電表指針偏轉)，而V_{CE}接面崩潰電壓較高，因此測得電阻以幾乎爲無限大。

1.　NPN型：如圖8.13所示，將電表紅色測試棒(接至電表內部電池負端)接到電晶體的基極，黑棒分別測量另外電晶體的兩支接腳，指針會偏轉的接腳爲射極，不偏轉的爲集極。

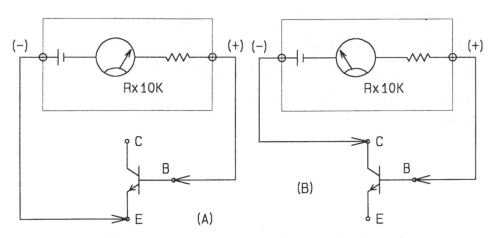

圖8.13　使用三用電表判別NPN型電晶體射／集極接腳

2.　PNP型：如圖8.14所示，將電表黑色測試棒(接至電表內部電池正端)接到電晶體的基極，紅棒分別測量電晶體的另外兩支接腳，指針會偏轉的接腳為射極，不偏轉的為集極。

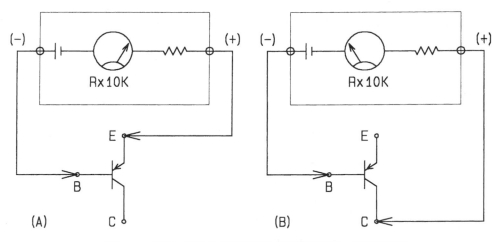

圖8.14　使用三用電表判別PNP型電晶體射／集極接腳

3.　若反偏測試時兩次測試指針均偏轉，則表示電晶體漏電電流大(可能已經打穿，損壞了。同樣的，若兩支接腳均呈高阻抗情形，則表示電晶體已經開路了(壞了)。

　　以上是以指針式的電表測試之結果。若使用的是數位電表，則電表的紅黑測試棒極性須相反。

另一種測試方法：

1.　NPN型：如圖8.15(a)所示，使用手指碰觸基極及電表的兩測試棒，若指針會偏轉，則接於黑棒處為集極，紅棒為射極。

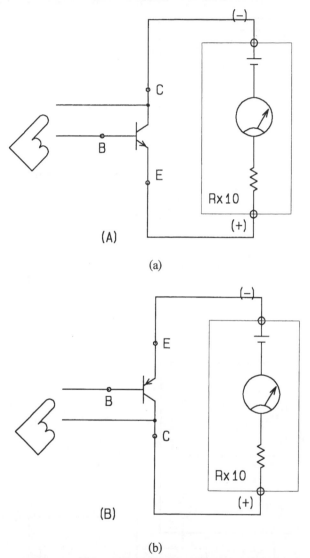

(a)

(b)

圖8.15　使用三用電表判別電晶體射／集極接腳

2.　PNP型：如圖8.15(b)所示，使用手指碰觸基極及電表的兩測試棒，若指針會偏轉，則接於紅棒處為集極，黑棒為射極。

　　以上是以指針式的電表測試之結果。若使用的是數位電表，則電表的紅黑測試棒極性須相反。若指針均不偏轉，則將兩測試棒對調，重復以上之測試，若指針仍不偏轉，則表示電晶體已損壞或該元件可能並非是電晶體。

四、電晶體hFE的測試

如圖8.16所示，將三用電表開關選擇於R×10處。作好零歐姆調整。

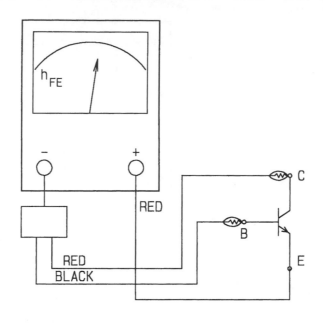

(a)

(b)

圖8.16 使用三用電表直接測試電晶體h_{FE}

1. 將h_{FE}測試連接器的紅色鱷魚夾接於電晶體的集極，黑色鱷魚夾接於電晶體的基極。

2. 如果待測的電晶體爲NPN型，則h_{FE}連接器接於電表"-"端插孔，紅色測試棒則接於電表的"+"端插孔，若待測電晶體爲PNP型，則"+"，"-"兩插孔位置相反。

3. 從電表的h_{FE}刻度讀取電晶體的h_{FE}值。

四、電晶體的特性曲線

　　電晶體依信號輸入端點及信號輸出的端點之不同，可分爲共射極組態(CE)，共集極組態(CC)，及共基極組態(CB)，每種組態各具有不同的電路特性。

1. 共射極組態：輸入信號加於基極，而輸出取自集極，I_B爲輸入電流V_{BE}爲輸入電壓，其輸入特性曲線($I_B - V_{BE}$曲線，以V_{CE}爲參數)與輸出特性曲線($I_C - V_{CE}$曲線，以V_{BE}或I_B爲參數)分別繪於圖8.17及圖8.18中。此種組態具高電壓增益，高電流增益，輸入阻抗及輸出阻抗屬中等(和其它組態相較)。而輸入與輸出信號有180度的相位差。爲最常使用的放大器組態。

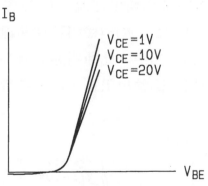

圖8.17　共射極組態輸入特性曲線

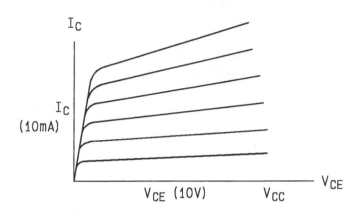

圖8.18　共射極組態輸出特性曲線

2. 共集極組態：輸入信號加於基極，而輸出信號取自射極，其輸入特性曲線和輸出特性曲線與共射極組態相似。此種組態具有高電流增益，電壓增益略小於1，輸入阻抗極高而輸出阻抗極低，輸入信號和輸出信號同相。此種組態常出現在多級放大器的輸入級及輸出級，以作為電路的緩衝器。

3. 共基極組態：輸入加於電晶體的射極而輸出取自集極，I_E為輸入電流，V_{BE}為輸入電壓，I_C為輸出電流，V_{CE}為輸出電壓。其輸入特性曲線($V_{BE} - I_E$曲線，以V_{CE}為參數)與輸出特性曲線($V_{CB} - I_C$曲線，I_E為參數)分別繪於圖8.19及圖8.20中。此種組態具有高電壓增益，電流增益略小於1，低輸入阻抗，高輸出阻抗，高頻特性良好，通常作為射頻放大。

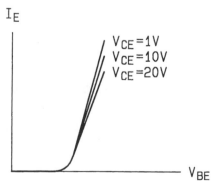

圖8.19　共基極組態輸入特性曲線

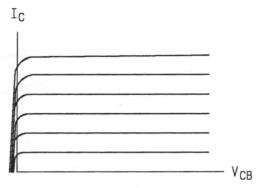

圖8.20　共基極組態輸出特性曲線

8.2.7　電晶體的溫度特性

電晶體的V_{BE}，β及I_{co}均極易受溫度變化而影響。

1. 基射極電壓V_{BE}

　　電晶體的基-射極電壓，當溫度每升高1℃，則V_{BE}的順向電壓將減少2-2.5 mV，即相當於-2mV/℃～-2.5mV/℃的溫度係數。因此溫度升高將使V_{BE}減少，而使得同樣偏壓下基極電流增加，集極電流亦隨著增加，其變化曲線如圖8.21所示。

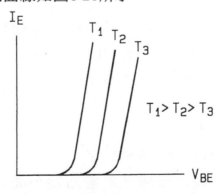

圖8.21　溫度對基射極電壓的影響

2. 電流增益β

　　電晶體的β值隨溫度上升而增加，因此I_c亦增加，其變化曲線如圖8.22所示。

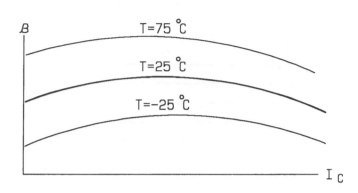

圖8.22　溫度對 β 的影響

3. 反向飽和電流 I_{co}

　　電晶體的漏電流包括 I_{CEO} 和 I_{CBO} 兩種，通常 I_{CBO} 隨著溫度每增加10℃就增加一倍，而 I_{CEO} 等於 $(1+\beta)\,I_{CBO}$，故 I_{CEO} 變化較大，即

$$I_C = \beta I_B + (1+\beta)\,I_{CBO} \tag{8.6}$$

所以當溫度上升，I_C 亦隨之上升。

8.3　實驗項目

材料表：電晶體　　　2SC1815，2SA1015，2SC1384，2SA684，
　　　　　　　　　　TIP41C，TIP42C
　　　　電阻　　　　100Ω/5W，220KΩ

工作一　電晶體接腳識別

實驗目的：認識電晶體外型及接腳的判定

實驗步驟：⑴取各種不同外型種類的電晶體，如2SC1815，2SA1015，
　　　　　2SC1384，2SA684，TIP41C，TIP42C 等不同的電晶體，使用
　　　　　三用電表以判別其為NPN型或PNP型，並跟據 8.2.6節之方法
　　　　　，判別電晶體的接腳。並參考圖8.23電晶體的外型，將結果記
　　　　　錄於表8.4中。

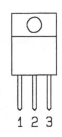

圖8.23　常見電晶體外型

表8.4　電晶體測試結果

	2SC1815	2SA1015	2SC1384	2SA684	TIP41	TIP42
R_{1-2}						
R_{1-3}						
R_{2-1}						
R_{2-3}						
R_{3-1}						
R_{3-2}						
NPN /PNP						
外型						
接腳　B						
C						
E						

工作二　電晶體 β 值的測試

實驗目的：認識電晶體I_C-β 的特性曲線。

實驗步驟：(1)如圖8.24之接線。

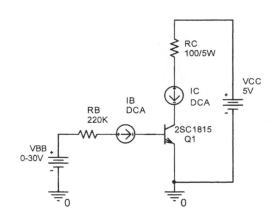

圖8.24　電晶體 β 測試電路

(2)調整 VBB 使 I_C 分別為 1, 2, 3,…10mA，紀錄 I_B 及 I_C 之值於表 8.5 中。

表8.5　電晶體 β 值的測試結果

		電流						
2SC1815	IB							
	IC							
	β=IC/IB							
2SA1015	IB							
	IC							
	β=IC/IB							
2SC1384	IB							
	IC							
	β=IC/IB							
2SA684	IB							
	IC							
	β=IC/IB							
TIP31C	IB							
	IC							
	β=IC/IB							
TIP32C	IB							
	IC							
	β=IC/IB							

(3)由表中計算電晶體的 β 值。

(4)將電晶體改爲 2SC1384， TIP41C 等，重覆以上(2)(3)的實驗。

(5)將電源及電表的極性相反，電晶體改爲 2SA1015((PNP型)重作步驟(2)，(3)。

(6)將電晶體改爲 2SA684 及 TIP42C 等，重覆步驟(4)之實驗。(電源極性需反接)

(7)根據表8.5之結果，繪出電晶體 I_c-β 的特性曲線於圖8.25。

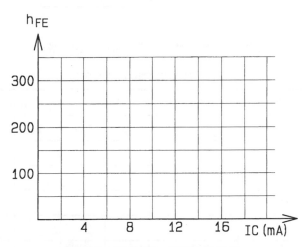

圖8.25　電晶體 I_c-β 的特性曲線

工作三　電晶體的輸入特性曲線

實驗目的：認識電晶體輸入特性曲線。

實驗步驟：(1)如圖8.26之接線。

(2)調整 V_{BB} 使 I_B = 1uA − 50uA，記錄 I_B 與 V_{BE} 於表8.6中。

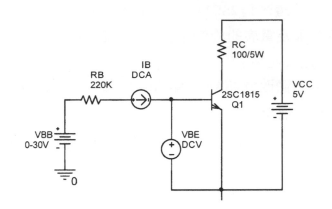

圖8.26 電晶體輸入特性曲線測試電路

表8.6 電晶體的輸入特性曲線與測試

2SC1815		2SA1015		2SC1384		2SA684		TIP41C		TIP42C	
I_B	V_{BE}	I_B	V_{BE}	I_B	V_{BE}	I_B	V_{BE}	I_B	V_{BE}	I_B	V_{BE}

⑶繪出$I_B - V_{BE}$的特性曲線於圖8.27中。

⑷將電晶體改爲2SC1384 與 TIP41C，重覆以上之實驗，並繪出其輸入特性曲線於8.28中。

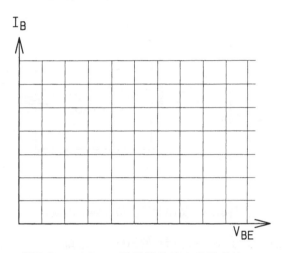

圖8.27　2SC1815電晶體的輸入特性曲線

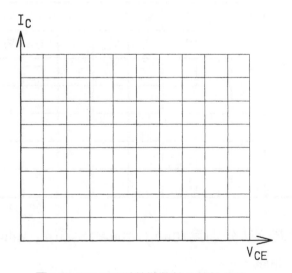

圖8.28 TIP41C電晶體的輸入特性曲線

工作四　電晶體輸出特性曲線的測量

實驗目的：認識電晶體輸出特性曲線

實驗步驟：(1)如圖8.29之接線，調整$V_{BB}=0$，使$I_B=0$uA。

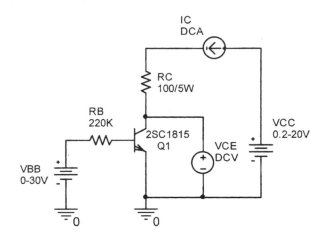

圖8.29　電晶體輸出特性曲線的測量

(2)V_{CC}自0V起逐漸調整升至30V，記錄V_{CE}及I_C之值於表8.7中。

表8.7　2SC1815輸出特性測試結果

I_B	V_{CC}=0.2		V_{CC}=0.5V		V_{CC}=1V		V_{CC}=5V		V_{CC}=10V		V_{CC}=15V		V_{CC}=20V	
	V_{CE}	I_C	V_{CE}	I_C	V_{CE}	V_{CE}	I_C	V_{CE}	I_C	I_C	V_{CE}	I_C	V_{CE}	I_C
10uA														
20uA														
30uA														
40uA														
50uA														

(3)調整V_{BB}使I_B分別為10uA，20uA，30uA，40uA，50uA，重覆(2)的測試。

(4)根據表8.7以I_B為參數繪出電晶體的輸出特性曲線($V_{CE}-I_C$)於圖8.30。

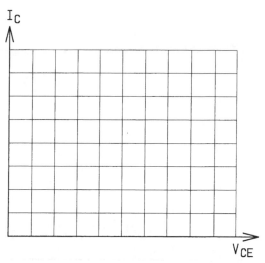

圖8.30　2SC1815電晶體的輸出特性曲線

(5)將電晶體改為 2SC1384，而 I_B 則分別為 20uA , 40uA , 60uA , 80uA , 100uA 等，重作以上實驗。並將結果記錄於表 8.8 及圖 8.31。

表8.8　2SC1384 輸出特性測試結果

I_B	V_{CC}=0.2		V_{CC}=0.5V		V_{CC}=1V		V_{CC}=5V		V_{CC}=10V		V_{CC}=15V		V_{CC}=20V	
	V_{CE}	I_C	V_{CE}	I_C	V_{CE}	V_{CE}	I_C	V_{CE}	I_C	I_C	V_{CE}	I_C	V_{CE}	I_C
20uA														
40uA														
60uA														
80uA														
100uA														

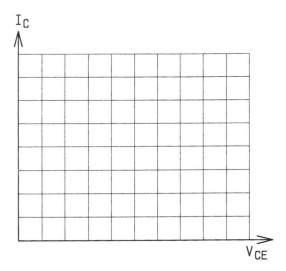

圖8.31 2SC1384 電晶體的輸出特性曲線

8.4 電路模擬

本節中將以 Pspice 模擬軟體來分析電路的特性,使電路模型分析的結果與實際電路實驗有一對照。

8.4.1 電晶體特性曲線電路模擬

如圖 8.32 所示,各元件分別在 eva1.slb,source.slb 及 analog.slb,選擇 DC Sweep 分析,設定 V1 為掃描變數,V1 自 0.01V 掃描到 10V,增量為 0.01V,圖 8.33 為電晶體輸入特性曲線模擬結果。

模擬輸出特性曲線時,設定 Vdc 為主要掃描變數,Vdc 自 0.01V 掃描到 30V,增量為 0.01V;V1 為次掃描變數,V1 自 0V 掃描到 30V,增量為 5V,圖 8.34 為電晶體輸出特性曲線模擬結果。

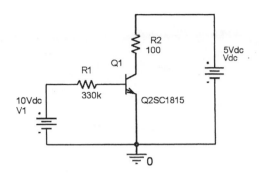

圖 8.32　電晶體特性曲線測試電路

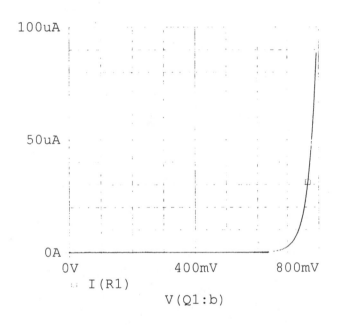

圖 8.33　電晶體輸入特性曲線

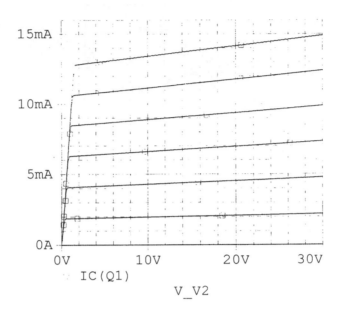

圖 8.34　電晶體輸出特性曲線

第九章
電晶體的偏壓

9.1 實習目的

1. 利用圖解法求電晶體偏壓電路的工作點
2. 瞭解電晶體偏壓電路的設計方法
3. 瞭解電晶體偏壓電路的穩定性

9.2 相關知識

9.2.1 偏壓與直流工作

電晶體必需要有適當的直流偏壓才能操作作為放大器。因此直流工作點必需設定適當，使得在輸入端的信號變化，能在輸出端放大並且精確的複製。電晶體的偏壓即是在建立正確的電晶體操作電壓和電流條件，也就是一般所謂的直流工作點。即I_C和V_{CE}在一特定值，一般又稱為Q點。而電路的穩定，即在設法使電晶體放大電路的工作點I_C及V_{CE}不會因電晶體參數的改變而受影響。如元件衰老，溫度變化或更換元件等。

9.2.2 圖解法

如圖9.1為一簡單的電晶體偏壓電路，利用圖解法以分析電晶體電路。其步驟如下：

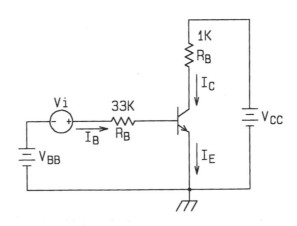

圖9.1 簡單的電晶體偏壓電路

1. 由輸入特性曲線$V_{BE}-I_B$之關係，以求得基極輸入電流I_B：

   將輸入方程式$V_{BB}=I_B R_B+V_{BE}$繪於電晶體的輸入特性曲線上，如圖9.2 所示，兩曲線的交點Q即為輸入工作點，其對應X軸之值為V_{BE}而對應 Y軸即為I_B之電流。例如從圖9.2求得V_{BE}與I_B分別為0.7V及$100\mu A$。

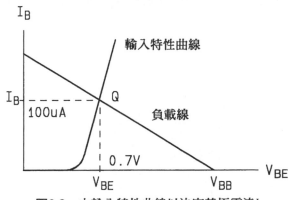

圖9.2 由輸入特性曲線以決定基極電流I_B

2. 由輸出特性曲線求得V_{CE}與I_C：

   將電路輸出方程式$V_{CE}=I_C R_C+V_{CE}$繪於電晶體的輸出特性曲線上，如圖 9.3所示，則其交點(對應於輸入基極電流I_B)即為輸出之工作點。其對 應X軸之值為V_{CE}電壓，而對應Y軸即為I_C之電流。以圖9.3為例，求得 $V_{CE}=10V$，$I_C=10mA$。

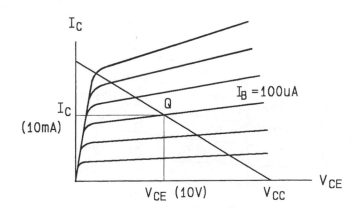

圖9.3 由輸出特性曲線以決定I_C及V_{CE}

3. 加入訊號時，則輸入電壓v_i使得輸入方程式成$V_{BB}+v_i=I_BR_B+V_{BE}$與輸入方程式$V_{BB}-v_i=I_BR_B+V_{BE}$。將此兩方程式繪於電晶體的輸入特性曲線上，如圖9.4所示。例如假設輸入電壓v_i為±0.5V，則$V_{BB}±v_i$將在3.5V到4.5V間擺動，即Q點將在Q2到Q3間沿著輸入特性曲線變化，由圖上可查得V_{BE}介於0.65V到0.75V之間，而i_b介於71μA～129μA間變化。

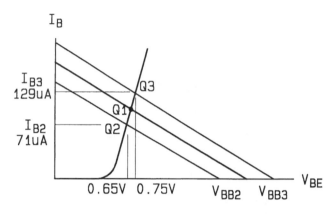

圖9.4　加入訊號時，基極工作點的變化

4. 輸出電壓及電流的變化可由輸出曲線求得：
   如圖9.5所示，由於I_b在71μA到129μA間變化，使得輸出工作點在Q2及Q3 間移動，對應之V_{CE}則在14V到6V間變化。I_C則在6mA到14mA間變化。

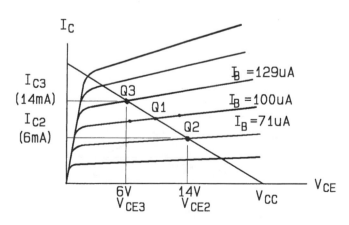

圖9.5　加入訊號時，I_C及V_{CE}的變化

5. 電晶體放大器的電壓及電流增益可分別以下式求得：

$$電壓增益A_V = \frac{輸出電壓擺幅}{輸入電壓擺幅} = \frac{V_{CE3} - V_{CE2}}{V_{BB3} - V_{BB2}}$$

$$電流增益A_i = \frac{輸出電流擺幅}{輸入電流擺幅} = \frac{I_{C3} - I_{C2}}{I_{B3} - I_{B2}}$$

即

$$A_V = \frac{6 - 14}{5 - 3} = \frac{-8}{2} = -4$$

$$A_i = \frac{(14 - 6)\,\text{mA}}{(129 - 71)\,\mu\text{A}} = 138$$

式中負號表示輸入與輸出反相。

9.2.3　基極偏壓

　　圖9.6(a)所示為基極偏壓電路，比較實際的作法則是V_{BB}與V_{CC}共同使用同一電源，如圖9.6(b)所示。其電路分析如下：

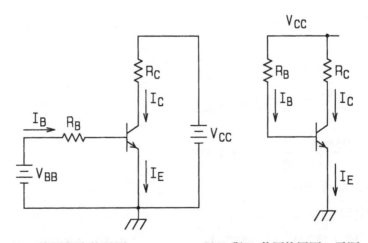

(a)V_{BB}使用獨立的電源　　　　(b)V_{BB}與V_{CC}共同使用同一電源

圖9.6　基極偏壓電路

$$I_B = \frac{V_{CE} - V_{BE}}{R_B} \tag{9.1}$$

若電晶體工作於作用區，則$I_C = \beta I_B$，而集極的電壓爲：

$$V_C = V_{CC} - I_C R_C = V_{CC} - \beta I_B R_C \tag{9.2}$$

由於I_C與V_{CE}均與β有關，因此由於β的變化將導致工作點Q亦跟著變化。

例9.1　如圖9.6(b)所示，若$R_B = 100\,K$，$R_C = 560\Omega$，$V_{CC} = 12\,V$。假設於$25\,°C$時，$\beta = 100$，而當溫度爲$75\,°C$時β爲150，試求其工作點變化。

解：於$25\,°C$時：

$$I_B = \frac{V_{CC} - V_{BE}}{R_B} = \frac{12 - 0.7}{100K} = 113\mu A$$

$$I_C = \beta I_B = 100 \times 113\mu A = 11.3mA$$

$$V_{CE} = V_{CC} - I_C R_C$$
$$= 12V - (11.3mA)(560\Omega)$$
$$= 5.67V$$

於$75\,°C$時，β增加爲150：

$$I_C = \beta I_B = 150 \times (113.\mu A) = 16.95mA$$

$$V_{CE} = V_{CC} - I_C R_C$$
$$= 12V - (16.95mA \times 560\Omega)$$
$$= 2.51V$$

I_C的變化百分率：

$$\Delta I_C \% = \frac{I_C(75\,°C) - I_C(25\,°C)}{I_C(25\,°C)} \times 100\%$$

$$= \frac{16.95mA - 11.3mA}{11.3mA} \times 100\%$$

$$= 50\%(增加)$$

V_{CE}的變化百分率：

$$\Delta V_{CE}\% = \frac{V_{CE}(75\,°C) - V_{CE}(25\,°C)}{V_{CE}(25\,°C)} \times 100\% = \frac{2.51V - 5.67V}{5.67V} \times 100\%$$

$$= -55.7\%(降低)$$

由此可見，本電路的Q點受β影響非常大。另外偏壓點除了受β的影響之外還與V_{BE}、I_{CBO}有關。溫度昇高時，基－射極電壓V_{BE}會降低，由(9.1)式得知V_{BE}降低將增大I_B。如果$V_{CC} >> V_{BE}$，則V_{BE}的改變就可以忽略(V_{CC}至少比V_{BE}大10倍以上)。

如圖9.7所示，逆向漏電電流I_{CBO}會在R_B上產生壓降，其極性與基極偏壓相同，因而增大了基極偏壓。現在的電晶體I_{CBO}均相當小，若$V_{BB} >> I_{CBO} \times R_B$時，其對電晶體偏壓的影響即可忽略。

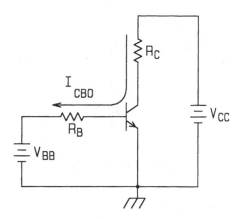

圖9.7　逆向漏電電流I_{CBO}對偏壓的影響

9.2.4　射極偏壓

此種偏壓電路如圖9.8所示，用了正負兩種電壓，其基極電壓約為0伏特，而以$-V_{EE}$來供給基－射接面的順向偏壓。電流與電壓分析如下：

$$V_{EE} = I_B R_B + V_{BE} + I_E R_E$$

$$I_B = \frac{I_E}{1 + \beta}$$

$$I_E = \frac{V_{EE} - V_{BE}}{R_E + \left(\dfrac{R_B}{1 + \beta}\right)} \tag{9.3}$$

$$I_C = \alpha I_E \fallingdotseq I_E$$

$$V_C = V_{CC} - I_C R_C$$

$$V_E = -V_{EE} + I_E R_E$$

$$V_{CE} = V_C - V_E$$

例9.2 如圖9.8所示電路，若$R_B = 47\text{K}$，$R_C = 4.7\text{K}$，$R_E = 10\text{K}$，$V_{CC} = V_{EE} = 10$ V，求工作點。

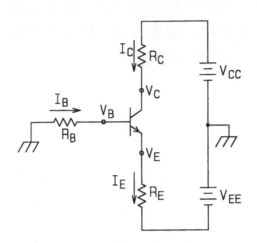

圖9.8 射極偏壓電路

解：$I_E = \dfrac{10 - 0.7}{10 + \left(\dfrac{47}{101}\right)} = 0.89\text{mA} \fallingdotseq IC$

$V_C = V_{CC} - I_C R_C = 10 - 0.89 \times 4.7 = 5.82\text{V}$

$V_E = -10 + 0.89 \times 10 = -1.1\text{V}$

$V_{CE} = V_C - V_E = 5.82 - (-1.1) = 6.92\text{V}$

射極偏壓的穩定度，可從9.3式得知：

若$\beta \gg 1$而$R_E \gg \left(\dfrac{R_B}{1+\beta}\right)$，則$I_E$可簡化成：

$I_E = \dfrac{V_{EE} - V_{BE}}{R_E}$

若$V_{EE} \gg V_{BE}$則更可簡化為

$I_E = \dfrac{V_{EE}}{R_E}$

上述推導結果顯示：只要滿足所列的條件，射極電流即與β和V_{BE}無關。當然，由於I_E與β、V_{BE}無關，其Q點將不受其變化的影響而變動。因此射極偏壓為一種穩定的偏壓方式。

例9.3　如圖9.9所示電路，若$R_B = 10$K，$R_C = 4.7$K，$R_E = 10$K。就其溫度變化的範圍內，β從50增200；V_{BE}則由0.7V降至0.6V，試求其Q點的變化量。

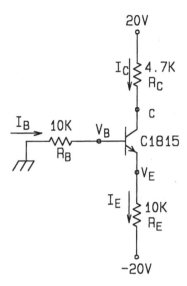

圖9.9　實用的射極偏壓電路

解：當$\beta = 50$，$V_{BE} = 0.7$V時

$$I_C \fallingdotseq I_E = \frac{|V_{EE}| - V_{BE}}{R_E + \left(\dfrac{R_B}{\beta}\right)}$$

$$= \frac{20\text{V} - 0.7\text{V}}{10\text{K}\Omega + \left(\dfrac{10\text{K}\Omega}{50}\right)} = 1.892\text{mA}$$

$$V_C = V_{CC} - I_C R_C$$

$$= 20\text{V} - (1.892\text{mA})(4.7\text{K}\Omega)$$

$$= 11.11\text{V}$$

$$V_E = V_{EE} + I_E R_E$$

$$= -20V + (1.892\text{mA})(10\text{K}\Omega)$$

$$= -1.08\text{V}$$

$$V_{CE} = V_C - V_E$$

$$= 11.11\text{V} - (-1.08\text{V})$$

$$= 12.19\text{V}$$

當 $\beta = 200$，$V_{BE} = 0.6$時

$$I_C \fallingdotseq I_E = \frac{|V_{EE}| - V_{BE}}{R_E + \left(\dfrac{R_B}{\beta}\right)}$$

$$= \frac{20\mathrm{V} - 0.6\mathrm{V}}{10\mathrm{K}\Omega + \left(\dfrac{10\mathrm{K}\Omega}{200}\right)} = 1.932\mathrm{mA}$$

$V_C = V_{CC} - I_C R_C$

$\quad = 20\mathrm{V} - (1.93\mathrm{mA})(4.7\mathrm{K}\Omega)$

$\quad = 10.93\mathrm{V}$

$V_E = V_{EE} + I_E R_E$

$\quad = -20\mathrm{V} + (1.93\mathrm{mA})(10\mathrm{K}\Omega)$

$\quad = -0.7\mathrm{V}$

$V_{CE} = V_C - V_E$

$\quad = 10.93\mathrm{V} - (-0.7\mathrm{V})$

$\quad = 11.63\mathrm{V}$

當 β 由50升至200時，I_C的變化率為：

$$\Delta I_C\% = \frac{1.93\mathrm{mA} - 1.892\mathrm{mA}}{1.892\mathrm{mA}} \times 100\% = 2\%$$

V_{CE}的變化率為：

$$\Delta V_{CE}\% = \frac{11.76\mathrm{V} - 12.19\mathrm{V}}{12.19\mathrm{V}} \times 100\% = -3.53\%$$

β 從50到200的變化，V_{CE}僅-3.53%而I_C為2%之變化，比起基極偏壓方式，此結果好得多了。

9.2.5　分壓器偏壓

射極偏壓方式雖有較佳的穩定性，然而卻需要使用到兩組電源。另一種較常使用的偏壓方式為分壓器偏壓，其具有與射極偏壓方式相當的穩定性，卻僅需要一組直流電流。電路如圖9.10所示。其分析如下：

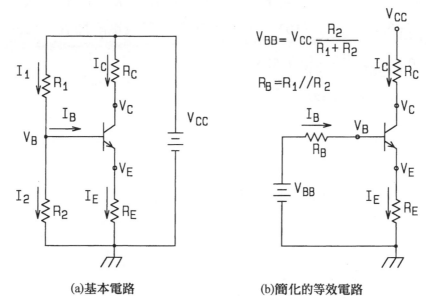

(a)基本電路   (b)簡化的等效電路

圖9.10 分壓器偏壓電路

首先從電晶體基極向左取其左方的戴維寧等效電路得：

$$V_{BB} = V_{CC} \times \frac{R_2}{R_1 + R_2}$$

$$R_B = R_1 \parallel R_2$$

該電路可化簡成9.10(b)之等效電路，因此：

$$V_{BB} = I_B R_B + V_{BE} + I_E R_E$$

$$I_B = \frac{I_E}{1 + \beta}$$

故

$$I_E = \frac{V_{BB} - V_{BE}}{R_E + \frac{R_B}{(1 + \beta)}} \fallingdotseq IC \tag{9.4}$$

而

$$V_C = V_{CC} - I_C R_C$$

$$V_E = I_E R_E$$

$$V_{CE} = V_C - V_E$$

例9.4 如圖 9.10(a) 所示電路，若 $R_1 = 56$ K， $R_2 = 10$ K， $R_c = 4.7$ K，$R_E = 560\Omega$。 $V_{CC} = 10$V。試求其工作。假設電晶體 $\beta = 100$。

解： $V_{BB} = 10 \times \dfrac{10\text{K}}{(56\text{K} + 10\text{K})} = 1.52\text{V}$

$R_B = 56\text{K} \parallel 10\text{K} = 8.48\text{K}$

$I_E = \dfrac{V_{BB} - V_{BE}}{R_E + \left(\dfrac{R_B}{(1+\beta)}\right)}$

$\quad = \dfrac{1.52\text{V} - 0.7\text{V}}{0.56 + \dfrac{8.48}{101}} = 1.272\text{mA} \fallingdotseq IC$

$V_C = V_{CC} - I_C R_C$

$\quad = 10 - (1.272\text{mA})(4.7\text{K}) = 4.0\text{V}$

$V_E = 0.56\text{K} \times 1.272\text{mA}$

$\quad = 0.712\text{V}$

$V_{CE} = V_C - V_E$

$\quad = 4.0\text{V} - 0.712\text{V} = 3.29\text{V}$

由(9.4)式得知其：I_E與射極偏壓之方程式相同，(以V_{BB}取代V_{EE}而已)，故穩定性和射極偏壓方式相當。

9.2.6 集極回授偏壓

如圖9.11所示，基極電阻Rb並未接到V_{CC}，而改接到V_C，此法屬於負回授連接，基極電流由V_C電壓提供。當I_C增大時，使得V_C反而下降，因此I_B亦跟著下降，使I_C不致於上升，因此能提供相當優良的穩定性，其分析如下：

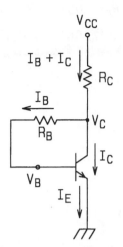

圖9.11　集極回授偏壓電路

按歐姆定律得知基極電流如下：

$$I_B = \frac{V_C - V_{BE}}{R_B} = \frac{I_C}{\beta}$$

集極電壓為

$$V_C \fallingdotseq V_{CC} - R_C \left(I_C + I_B \right)$$

$$= V_{CC} - \left(1 + \frac{1}{\beta} \right) I_C R_C$$

合並上式得：

$$V_{BE} + \frac{I_C}{\beta} R_B = V_{CC} - \left(1 + \frac{1}{\beta} \right) I_C R_C$$

$$I_C = \frac{V_{CC} - V_{BE}}{\dfrac{R_B}{\beta} + \left(1 + \dfrac{1}{\beta} \right) R_C}$$

$$= \frac{V_{CC} - V_{BE}}{\dfrac{R_B}{\beta} + R_C} \tag{9.5}$$

例9.5 如圖9.11所示電路，若$R_B=100\text{K}$，$R_C=10\text{K}$，$V_{CC}=10\text{V}$，$\beta=100$。試求其工作點。若β從100增200；V_{BE}則由0.7V降至0.6V，試求其Q點的變化量。

解：

$$I_C=\frac{V_{CC}-V_{BE}}{\dfrac{R_B}{\beta}+R_C}$$

$$=\frac{10\text{V}-0.7\text{V}}{10\text{K}+\dfrac{100\text{K}}{100}}=0.845\text{mA}$$

$$V_{CE}=V_C\fallingdotseq V_{CC}-I_CR_C=1.55\text{V}$$

穩定分析：

假設β增加為200而V_{BE}減少為0.6V，則：

$$I_C=\frac{10\text{V}-0.6\text{V}}{10+\dfrac{100}{200}}=0.895\text{mA}$$

$$V_{CE}=V_C=10\text{V}-0.895\times10\text{K}=1.05\text{V}$$

因此I_C的變化量為：

$$\Delta I_C\%=\frac{0.895-0.845}{0.845}\times100\%=5.9\%$$

$$\Delta V_{CE}\%=\frac{1.05-1.55}{1.55}\times100\%=-47.6\%$$

9.3 實習項目

材料表：電晶體　　2SC1815×1

電阻　　220KΩ×1，100Ω/5W×1，2.2MΩ×1，1KΩ×2，

120KΩ×1，56KΩ×1，33KΩ×1，18KΩ×1，

2.2KΩ×1，1.8KΩ×1，1.5KΩ×1，1.2KΩ×1，

150Ω×1，10KΩ×1，15KΩ×1，22KΩ×1

工作一 基極偏壓方式

實驗目的：了解基極偏壓方式及工作點的調整方法

實驗步驟：⑴如圖9.12之接線。

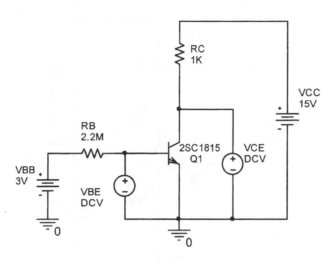

圖9.12 實驗的基極偏壓電路

⑵測量V_B，及V_{CE}之電壓，並記錄於表9.1中。

表9.1 基極偏壓電路實驗結果

R_B	2.2M	220K	120K	56K	33K	18K
V_{BE}						
V_{CE}						
I_C						
I_B						
β						

⑶利用⑵之值以求I_C及I_B。

⑷將R_B分別改為不同的電阻值以觀察各偏壓下的工作點。

⑸ $I_B = \dfrac{V_{BB} - V_{BE}}{R_B} - I_M$，$I_M$為電表的電流，$I_M = \dfrac{V_{BE}}{\text{電表該檔的內阻}}$。

工作二　射極偏壓

實驗目的：了解射極偏壓方式及工作點的調整方法

實驗步驟：(1)如圖9.13之接線。

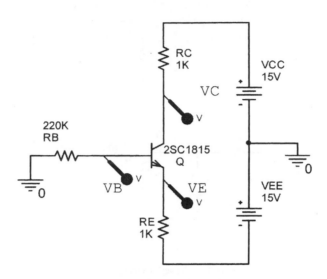

圖9.13　實驗的射極偏壓電路

(2)分別測量V_B，V_E及V_C各點的電壓，並將結果記錄於表9.2中。

表9.2　射極偏壓電路實驗結果

R_E	2.2K	1.8K	1.5K	1.2K	1K	150
V_B						
V_C						
V_E						
V_{CE}						
I_C						
I_B						
I_E						
β						

(3)利用(2)之結果以計算I_B，I_C，I_E及β值。

(4)將R_E改用不同的電阻值以觀察不同偏壓條件的工作點。

工作三　分壓器偏壓

實驗目的：了解分壓器偏壓方式及工作點的調整方法

實驗步驟：⑴如圖9.14之接線。

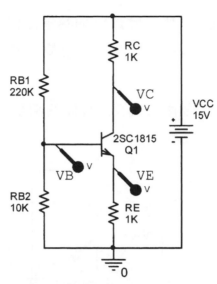

圖9.14　實驗的分壓器偏壓電路

⑵同工作二之實驗項目分別測量V_B，V_E及V_C的電壓，並將結果記錄於表9.3中。

表9.3　分壓器偏壓電路實驗結果

R_{B2}	10K	15K	22K	33K	56K	120K
V_B						
V_C						
V_E						
V_{CE}						
I_C						
I_B						
I_E						
β						

(3)利用(2)之結果以計算I_B，I_C，I_E及β值。

(4)將R_{B1}改用不同的電阻值以觀察不同偏壓條件的工作點。

(5)將R_{B1}以10KΩ串聯一500KΩ的可變電阻取代，調整可變電阻使$V_{CE} = \dfrac{V_{CC}}{2}$。

(6)利用鉻鐵靠近電晶體以微加熱電晶體，觀察V_{CE}的變化，並據此實驗結果以推算β值及V_{CE}之變化的百分比。

工作四　集極回授偏壓

實驗目的：了解集極回授偏壓方式及工作點的調整方法

實驗步驟：(1)如圖9.15之接線。

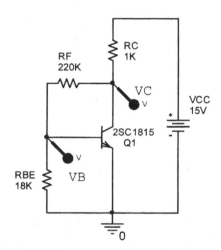

圖9.15　實驗的集極回授偏壓電路

(2)同工作二之實驗項目分別測量V_B，V_E及V_C的電壓，並將結果記錄於表9.4中。

表9.4　集極回授偏壓電路實驗結果

R_F	10K	15K	22K	33K	56K	120K	220K
V_B							
V_C							
I_C							
I_B							
I_E							
β							

(3)利用(2)之結果以計算I_B，I_C，I_E及 β 值。

(4)將R_B改用不同的電阻值以觀察不同偏壓條件的工作點。

(5)將R_B以10KΩ串聯一500KΩ的可變電阻取代，調整可變電阻使
$V_{CE} = +\dfrac{V_{CC}}{2}$ 。

(6)利用鉻鐵靠近電晶體以微加熱電晶體，觀察V_{CE}的變化，並據
此實驗結果以推算 β 值及V_{CE}之變化的百分比。

第十章
電晶體放大器

10.1　實習目的

1. 瞭解電晶體的小信號模型
2. 瞭解共射極放大器的特性及電路分析
3. 瞭解共集極放大器的特性及電路分析
4. 瞭解共基極放大器的特性及電路分析

10.2　相關知識

10.2.1　電晶體小信號模型

電晶體的偏壓，僅是在建立直流的工作點，根據此工作點以求得電晶體的小信號模型。一個適當偏壓的電晶體，對於小信號而言，此信號的振幅僅為偏壓值的幾分之一或更小，因此可利用重疊原理，將電路看成為是一個直流偏壓電路和一個僅有小信號變量的交流電路之和。如圖10.1(a)之電晶體放大器，對於偏壓電路的分析我們讓系統的交流訊號源為零，而所有旁路電容與耦合電容均視為開路，如圖10.1(b)所示，而分析交流分量時，則將直流電源關閉(電壓源短路而電流源斷路)，旁路電容和耦合電容則視為短路，如圖10.1(c)所示。

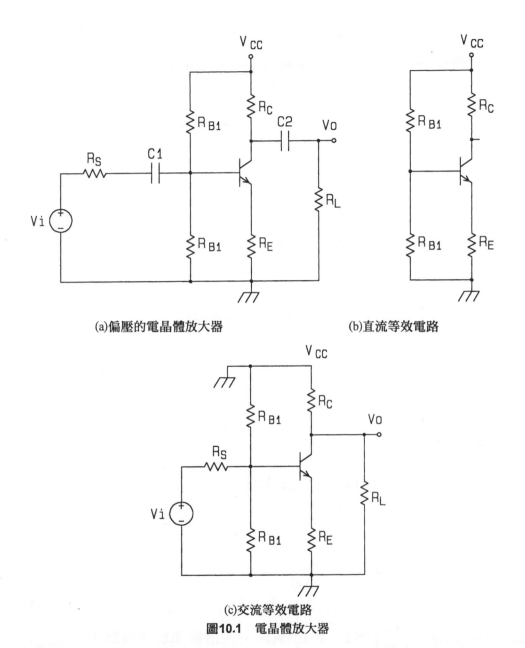

(a)偏壓的電晶體放大器　　　　　(b)直流等效電路

(c)交流等效電路

圖10.1　電晶體放大器

　　圖10.2為偏壓下的電晶體電路；若先令v_{be}(交流信號)為零，則可得以下關係式：

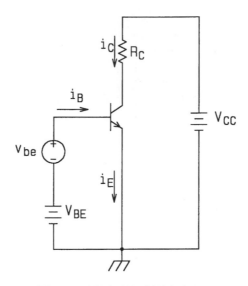

圖10.2 偏壓下的電晶體電路

$$I_C = I_S \times e^{\left(\frac{V_{BE}}{V_T}\right)} \tag{10.1}$$

$$I_E = \frac{I_C}{\alpha} \tag{10.2}$$

$$I_B = \frac{I_C}{\beta} \tag{10.3}$$

若同時有v_{be}加入，則$v_{BE} = V_{BE} + v_{be}$，同樣的：

$$i_C = I_S \times e^{\frac{(V_{BE} + v_{be})}{V_T}}$$

$$= I_S \times e^{\left(\frac{V_{BE}}{V_T}\right)} \times e^{\left(\frac{v_{be}}{V_T}\right)}$$

$$= I_C \times e^{\left(\frac{v_{be}}{V_T}\right)} \tag{10.4}$$

由於v_{be}爲小信號，$\left(\frac{v_{be}}{V_T}\right) << 1$，因此將(10.4)式指數部份予展開：

$$i_C = I_C \times \left(1 + \frac{v_{be}}{V_T} + \left(\frac{1}{2}\right) \times \left(\frac{v_{be}}{V_T}\right)^2 + \cdots \cdots\right)$$

忽略高次項則上式可化簡爲：

$$i_C = I_C \times \left(1 + \frac{v_{be}}{V_T}\right)$$

$$= I_C + I_C \times \left(\frac{v_{be}}{V_T}\right) = I_C + i_c$$

$$i_c = I_C \times \left(\frac{v_{be}}{V_T}\right) \tag{10.5}$$

$$\frac{i_C}{v_{be}} = \frac{I_C}{V_T} = g_m \tag{10.6}$$

g_m稱爲電晶體的互導，而電晶體從基極看入的電阻分析如下：

$$i_B = \frac{i_C}{\beta} = \frac{(I_C + i_C)}{\beta}$$

$$= \frac{I_C}{\beta} + \left(\frac{1}{\beta}\right) \times \left(\frac{I_C}{V_T}\right) \times v_{be} = I_B + i_b$$

故

$$i_b = \left(\frac{1}{\beta}\right) \times \left(\frac{I_C}{V_T}\right) \times v_{be}$$

$$i_b = \left(\frac{g_m}{\beta}\right) \times v_{be}$$

而

$$\frac{v_{be}}{i_b} = \frac{\beta}{g_m} = r_\pi \tag{10.7}$$

r_π爲電晶體基極看入的小信號電阻或

$$i_b = \frac{\left(\frac{I_C}{\beta}\right)}{V_T} \times v_{be}$$

$$= \frac{I_B}{V_T} \times v_{be}$$

故

$$\frac{v_{be}}{i_b} = \frac{V_T}{I_B} = r_\pi \tag{10.8}$$

電晶體從射極看入的電阻為：

$$i_E = \frac{i_C}{\alpha} = \frac{I_C}{\alpha} + \frac{i_C}{\alpha} = I_E + i_e$$

$$i_e = \frac{i_C}{\alpha} = \left(\frac{I_C}{\alpha}\right) \times \left(\frac{v_{be}}{V_T}\right)$$

$$= \frac{I_E}{V_T} \times v_{be}$$

$$\frac{v_{be}}{ie} = \frac{V_T}{I_E} \equiv r_e$$

r_e 為電晶體從射極看入的電阻。

　　從(10.6)及(10.7)式可得電晶體互導放大器的 π 型等效電路，如圖10.3(a)所示。從(10.6)及 $i_c = \beta \times i_b$ 可得電晶體電流放大器的 π 型等效電路，如圖10.3(b)所示。又於C及E之間並聯電阻 r_o 以表示電晶體的輸出電阻。

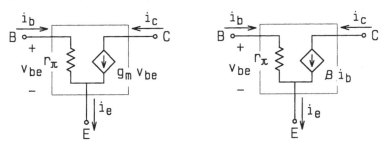

(a)互導放大器模型　　　　　　(b)電流放大器模型

圖10.3 電晶體 π 型小信號等效電路

　　從(10.6)及(10.9)兩式可得電晶體T模型，如圖10.3(c)，(d)所示。

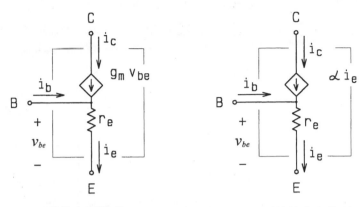

(a)互導放大器模型　　　　　　(b)電流放大器模型

圖10.4　電晶體T型小信號等效電路

註：在π模型中，v_{be}亦常表示為v_π，本書在往後章節中，v_{be}亦以v_π來表示。

10.2.2　小信號等效電路的應用

分析電晶體的小信號特性可依下步驟進行：

1.　繪出電晶體的直流等效電路。重繪電路時，令交流信號源為零，即電壓源短路，電流源斷路，且電路中的電容器為斷路。

2.　從直流等效電路作偏壓分析以求出I_C及V_{CE}(工作點)。

3.　由 2 之V_{CE}可判定電晶體是否在作用區，對NPN型電晶體而言，$V_{CE} > 0.3\,\text{V}$，而PNP型電晶體則$V_{CE} < -0.3\,\text{V}$。而由I_C可求得電晶體小信號模型：

$$g_m = \frac{I_C}{V_T}$$

$$r_\pi = \frac{\beta}{g_m}$$

$$I_E = \frac{I_C}{\alpha}$$

$$r_e = \frac{V_T}{I_E}$$

4.　繪出電晶體小信號等效電路，將直流電源設為零(電壓源短路，電流源斷路)，耦合電容及旁路電容短路，電晶體以小信號模型取代。

5. 分析小信號電路以求電壓增益，電流增益，輸入阻抗，輸出阻抗。

例10.1如圖10.5(a)之電路，假設電晶體 β 為100，求(1)電壓增益，(2)輸入阻抗。

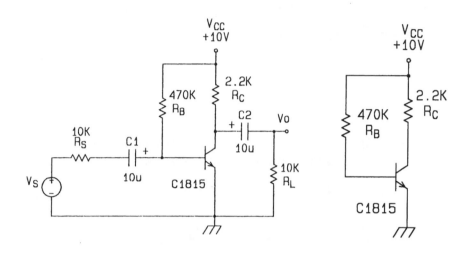

(a)電路圖　　　　　　　　　　(b)直流等效電路

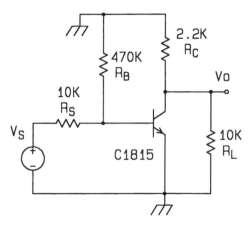

(c)小信號等效電路

圖10.5

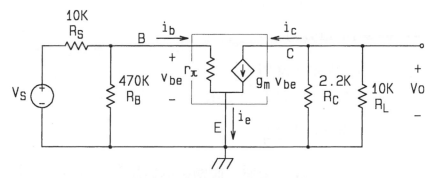

(d)電晶體以模型取代後的等效電路
圖10.5　基極偏壓的電晶體放大器

解：⑴首先重繪直流電路得圖10.5(b)之電路，作直流分析如下：

$$V_{CE} = I_B R_B + V_{BE}$$

$$I_B = \frac{(V_{CC} - V_{BE})}{R_B} = \frac{(10 - 0.7)}{470K} = 0.0198\text{mA}$$

$$I_C = \beta \times I_B = 0.0198 \times 100 = 1.98\text{mA}$$

$$V_{CE} = V_{CC} - I_C R_C = 10 - 1.98 \times 2.2 = 5.64\text{V}$$

$V_{CE} > 0.3$V故電晶體在作用區。

⑵求電晶體小信號模型

$$g_m = \frac{I_C}{V_T} = \frac{1.98\text{mA}}{25\text{mV}} = 79.2\text{mA/V}$$

$$r_\pi = \frac{\beta}{g_m} = \frac{100}{79.2} = 1.263\text{k}\Omega$$

⑶交流等效電路如圖10.5(c)所示，電晶體以小信號模 π 模型取代，得圖
10.5(d)之電路，交流分析如下：

$$V_O = - i_C (R_C \parallel R_L) = - g_m v_{be} (R_C \parallel R_L)$$

$$= - 79.2 \times (2.2 \parallel 10) \times v_{be} = - 142.8 v_{be}$$

$$v_{be} = V_S \times \frac{(R_B \parallel r_\pi)}{R_S + (R_B \parallel r_\pi)}$$

$$v_{be} = V_S \times \frac{(470 \parallel 1.263)}{10 + (470 \parallel 1.263)}$$

$$v_{be} = 0.112 V_S$$

$$V_O = -142.8 \times 0.112 V_s = -16.0 V_s$$

$$A_V = \frac{V_O}{V_S} = -16.0 \text{ (V/V)}$$

負號表示輸出與輸入反相。

$$R_i = R_B \parallel r_\pi = 470K \parallel 1.263K = 1.26K\Omega$$

10.2.3 共射極放大器

電晶體放大器其輸入加於基極,而輸出取自集極,此種組態稱為共射極組態或稱為共射極放大器(CE組態),如圖10.6(a)所示。

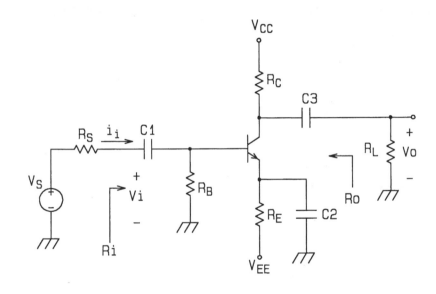

(a)電路圖

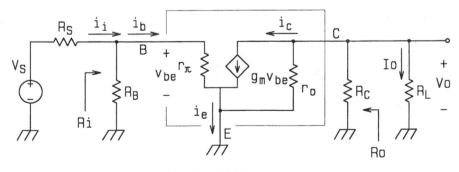

(b) π 模型小信號等效電路

圖10.6

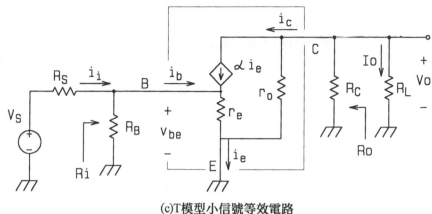

(c)T模型小信號等效電路

圖10.6　共射極放大器

　　圖中R_s表示信號源的內阻，若此輸入來自前一級的輸出，則R_s相當於前一級的輸出電阻。R_L為負載電阻，若此電路輸出驅動下一級放大器，則R_L相當於下一級放大器的輸入電阻。C1及C3為耦合電容，隔離前一級及下一級電路的直流電壓，以避免本級偏壓受影響。C2為射極旁路電容，為了增加電路直流穩定度，因而加入射極電阻，然而此電阻會大大降低電晶體的直流增益，加上此旁路電容使R_E對小信號而言視同短路，以提高放大器的小信號增益。

　　電晶體的直流分析不再重複，在往後的電路分析均假設電晶體已適當的偏壓於作用區，因此在本章中僅對電路作小信號分析。

　　於圖10.6(a)的電路，重繪其小號等效電路於圖10.6(b)中，電路分析如下：

$$R_i = R_B \parallel r_\pi \tag{10.10}$$

$$V_O = -g_m v_{be}\,(r_O \parallel R_C \parallel R_L)$$

$$v_{be} = V_S \times \frac{R_i}{R_S + R_i}$$

因此

$$V_O = -g_m \frac{R_i}{R_S + R_i}\,(r_O \parallel R_C \parallel R_L)\,V_S$$

故

$$A_V = \frac{V_O}{V_S} = -g_m \frac{R_i}{R_S + R_i}(r_O \parallel R_C \parallel R_L) \tag{10.11}$$

輸出阻抗

$$R_O = R_C \parallel r_O \tag{10.12}$$

利用T模型分析共射極放大器：

將10.6電路中，電晶體以T模型取代得共射極小信號等效電路如圖10.6 (c)所示。電路分析如下：

$$V_O = -\alpha i_e (R_C \parallel R_L \parallel r_O)$$

$$= -\alpha \times \left(\frac{v_{be}}{r_e}\right)(R_C \parallel R_L \parallel r_O)$$

r_e電阻爲從射極看入的等效電阻。$(1+\beta)\,r_e$即相當於r_π

$$v_{be} = V_S \times \frac{(R_B \parallel r_\pi)}{R_S + (R_b \parallel r_\pi)}$$

$$V_O = -\frac{\alpha}{r_e} V_S \frac{(R_B \parallel r_\pi)}{R_S + (R_b \parallel r_\pi)}(R_C \parallel R_L \parallel r_O)$$

$$A_V = \frac{V_O}{V_S} = -\frac{\alpha}{r_e} \frac{(R_B \parallel r_\pi)}{R_S + (R_b \parallel r_\pi)}(R_C \parallel R_L \parallel r_O) \tag{10.12}$$

此式看來與10.11不盡相同，但若 α 以 $\frac{\beta}{(1+\beta)}$ 代入上式可得

$$A_V = -\frac{\beta}{(1+\beta)\,r_e} \frac{R_i}{R_S + R_i}(R_C \parallel R_L \parallel r_O)$$

$$= -\frac{\beta}{r_\pi} \frac{R_i}{(R_S + R_i)}(R_C \parallel R_L \parallel r_O)$$

$$= -g_m \frac{R_i}{R_S + R_i}(r_O \parallel R_C \parallel R_L)$$

上式則與10.11式相同。

例10.2 圖10.6(a)之電路，若 $R_S = R_L = 10\text{K}$，$R_B = 100\text{K}$，$R_E = 10\text{K}$，$R_C = 10\text{K}$，$V_{CC} = V_{EE} = 10\text{V}$，且電晶體$\beta = 100$，$V_A = 100\text{V}$，求$A_V$，$R_i$，$R_O$之值。

解： 首先作直流析，圖10.6(a)的直流等效電路如圖10.7(a)所示。

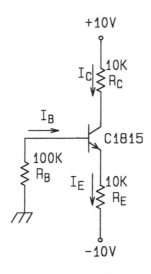

(a)直流等效電路

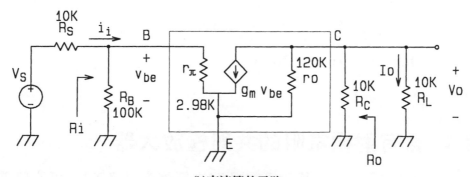

(b)交流等效電路

圖10.7　圖10.5的等效電路

$$V_{EE} = I_B R_B + V_{BE} + I_E R_E = I_B R_B + V_{BE} + I_B (1 + \beta) R_E$$

$$I_B = \frac{V_{EE} - V_{BE}}{R_B + (1 + \beta) R_E}$$

$$= \frac{10 - 0.7}{100K + (1 + 100) \times 10K} = 8.38\mu A$$

$$I_C = \beta I_B = 0.838mA$$

$$I_E = (1 + \beta) I_B = 0.00838 \times 101 = 0.846mA$$

$$V_{CE} = V_{CC} - (- V_{EE}) - I_C R_C - I_E R_E$$

$$= 10 - (-10) - 10 \times 0.838 - 10 \times 0.846 = 3.16 > 0.3 (作用區)$$

$$g_m = \frac{I_C}{V_T} = \frac{0.838}{0.025} = 33.5\,\text{mA/V}$$

$$r_\pi = \frac{\beta}{g_m} = \frac{100}{33.5} = 2.98\,\text{K}\Omega$$

$$r_O = \frac{V_A}{I_C} = \frac{100}{0.838} = 120\,\text{K}\Omega$$

重繪電路的小信號等效電路，如圖10.7(b)所示。

故

$$R_i = 100\text{k} \parallel 2.98\text{k} = 2.9\,\text{k}\Omega$$

$$R_O = r_O \parallel R_C = 120\text{k} \parallel 10\text{k} = 9.23\,\text{K}\Omega$$

$$V_O = -g_m v_{be}\,(r_O \parallel R_C \parallel R_L)$$

$$\qquad = -33.5\,(120\text{K} \parallel 10\text{K} \parallel 10\text{K})\,v_{be}$$

$$\qquad = -160.8\,v_{be}$$

$$v_{be} = V_S \times \frac{R_i}{R_S + R_i} = V_S \times \frac{2.9}{10 + 2.9} = 0.255 V_S$$

$$V_O = -0.255 V_S \times 160.8 = -36.1 V_S$$

故 $A_V = \dfrac{V_O}{V_S} = -36.1$ 。

10.2.4 含有射極電阻的共射極放大器

在射極與地之間加入一基射極電阻R_e(未經電容旁路者)，可改善電晶體的特性，如圖10.8(a)所示為具射極電阻的共射極放大器。圖10.8(b)則為小信號的等效電路。

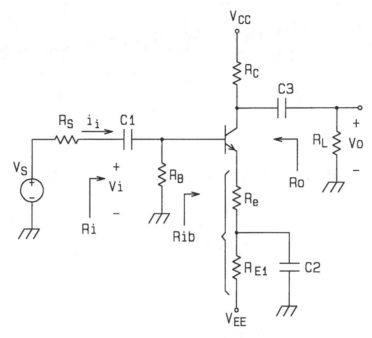

(a)電路圖

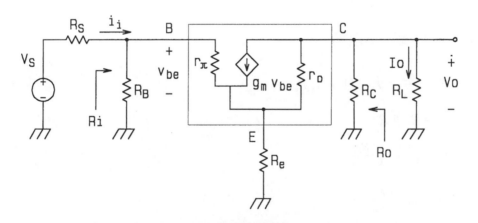

(b)小信號等效電路

圖10.8　含射極電阻共射極放大器

　　通常r_o較R_C及R_L為大,在分析增益時,經常將其忽略不計(開路),故用以分析輸入阻抗及電壓增益的等效電路如圖10.9所示。電路分析如下:

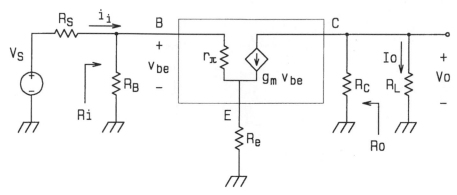

圖10.9　忽略 r_o 的含射極電阻的共射極放大器小信號模型

流經 R_e 的電流為：

$$i_e = i_b + i_c = \frac{v_{be}}{r_\pi} + g_m v_{be}$$

$$= \left(\frac{v_{be}}{r_\pi}\right)(1 + g_m r_\pi) = i_b(1 + \beta)$$

$$v_b = v_e + v_{be} = i_b(1 + \beta)R_e + r_\pi \cdot i_b$$

$$= i_b(r_\pi + (1 + \beta)R_e)$$

從基極看入的輸入電阻為：

$$R_{ib} = \frac{v_b}{i_b} = r_\pi + (1 + \beta)R_e \tag{10.13}$$

$$R_i = R_{ib} \parallel R_B$$

$$v_b = V_S \times \frac{R_i}{(R_S + R_i)}$$

$$v_{be} = v_b \times \frac{r_\pi}{R_{ib}}$$

$$= V_S \times \frac{R_i}{R_S + R_i} \times \frac{r_\pi}{r_\pi + (1 + \beta)R_e}$$

$$V_O = -g_m v_{be}(R_C \parallel R_L)$$

$$= -g_m(R_C \parallel R_L)V_S \times \frac{R_i}{R_S + R_i} \times \frac{r_\pi}{r_\pi + (1 + \beta)R_e}$$

$$A_V = \frac{V_O}{V_S}$$

$$= - g_m (R_C \parallel R_L) \frac{R_i}{R_S + R_i} \frac{r_\pi}{r_\pi + (1 + \beta) R_e} \qquad (10.14)$$

$$A_V' = \frac{V_O}{v_b} = - g_m (R_C \parallel R_L) \times \frac{r_\pi}{r_\pi + (1 + \beta) R_e}$$

$$= \frac{-\beta (R_C \parallel R_L)}{r_\pi + (1 + \beta) R_e} = \frac{-\beta (R_C \parallel R_L)}{(1 + \beta)(r_e + R_e)}$$

若 $\beta \gg 1$ 則

$$A_V' = \frac{V_O}{V_b} = -\frac{R_C \parallel R_L}{r_e + R_e} \qquad (10.15)$$

即共射極放大器的電壓增益約等於集極迴路上的電阻($R_C \parallel R_L$)除以射極迴路上的電阻($R_e + r_e$)。

　　而由10.13式得知：在射極迴路上的電阻R_e從基極看入，則被放大了$(1 + \beta)$倍即：

$$R_{ib} = r_\pi + (1 + \beta) R_e$$

因此大為提高了共射極放大器的輸入電阻。

　　求電路的輸出阻抗，可於輸出端(例如從電晶體集極看入的輸出電阻)加一電源V_x，而令$V_s = 0$。計算I_x，則$R_o = \frac{V_x}{I_x}$以求得。故用以求輸出阻抗的等效電路如圖10.10所示，電路分析如下：

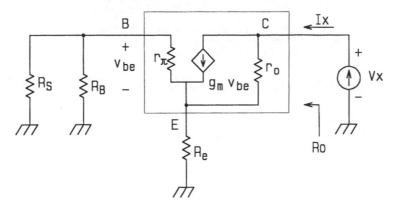

圖10.10　用以求含射極電阻的共射極放大器輸出電阻的等效電路

由電晶體射極向左看入的等效電阻為：

$$R_e' = R_e \parallel (r_\pi + (R_S \parallel R_B))$$

而流經此等效電阻的電流為I_x，故i_b的電流為：

$$i_b = -I_X \frac{R_e}{R_e + (r_\pi + (R_B \parallel R_S))}$$

$$v_{be} = -I_X \frac{R_e}{R_e + (r_\pi + (R_B \parallel R_S))} r_\pi$$

流經r_o的電流為：

$$i_{ro} = I_X - g_m v_{be}$$

故

$$V_X = I_X R_e' + r_O (I_X - g_m v_{be})$$

$$= I_X R_e' + r_O I_X - g_m r_o \left(-I_X \frac{R_e r_\pi}{R_e + (r_\pi + (R_B \parallel R_S))} \right)$$

$$= I_X \left(R_e' + r_o + g_m r_O \frac{R_e r_\pi}{R_e + (r_\pi + (R_B \parallel R_S))} \right)$$

$$R_O = \frac{V_X}{I_X}$$

$$= r_O + (R_E \parallel (r_\pi + R_S \parallel R_B)) + \frac{g_m r_O R_e r_\pi}{R_e + (r_\pi + (R_B \parallel R_S))}$$

$$R_O = r_O + R_e \frac{(r_\pi + R_S \parallel R_B) + R_e r_O g_m r_\pi}{R_e + r_\pi + (R_S \parallel R_B)} \tag{10.16}$$

利用T模型分析含射極電阻的共射極放大器,其T模型等效電路如圖10.11所示。

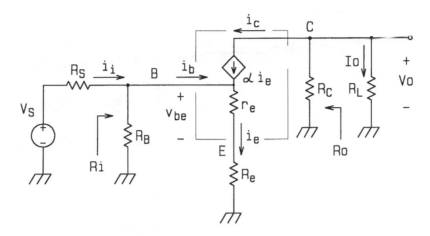

圖10.11　利用T模型分析含射極電阻的共射極放大器

$$v_b = i_e \, (r_e + R_e) = i_b \, (1 + \beta) \, (r_e + R_e)$$

$$R_{ib} = \frac{v_b}{i_b} = (1 + \beta) \, (r_e + R_e) \qquad\qquad (10.17)$$

$$R_i = R_{ib} \parallel R_B$$

$$v_b = V_S \times \frac{R_i}{(R_S + R_i)}$$

$$V_O = - \, (R_C \parallel R_L) \times \alpha i_e$$

$$= - \, (R_C \parallel R_L) \, \alpha \, \frac{v_b}{r_e + R_e}$$

$$= - \, (R_C \parallel R_L) \, \alpha \, \frac{R_i}{(r_e + R_e) \, (R_S + R_i)} \, V_S$$

$$A_V = - \, (R_C \parallel R_L) \, \alpha \, \frac{R_i}{(r_e + R_e) \, (R_S + R_i)}$$

此式似乎與(10.14)不同，但只要稍作簡化則可發現，其結果是一樣的。

$$A_V = - \, (R_C \parallel R_L) \, \frac{\beta}{1 + \beta} \, \frac{R_i}{(r_e + R_e) \, (R_S + R_i)}$$

$$= - \, (R_C \parallel R_L) \, \frac{\beta}{R_{ib}} \, \frac{R_i}{(R_S + R_i)}$$

$$= -(R_C \parallel R_L) \frac{g_m\, r_\pi}{R_{ib}} \frac{R_i}{(R_S + R_i)}$$

$$= -(R_C \parallel R_L) \frac{g_m\, r_\pi}{r_\pi + (1 + \beta)\, R_e} \frac{R_i}{(R_S + R_i)}$$

上式化簡使用了 $R_{ib} = r_\pi + (1 + \beta)\, R_e$ ；$\alpha = \dfrac{\beta}{(1 + \beta)}$ ；$\beta = g\, r_\pi$ 等公式。

例10.3 如圖10.12之電路，$V_{CC} = -V_{EE} = 10$，$V_A = 100\text{V}$，分析其 A_v，R_i，R_o等結果。

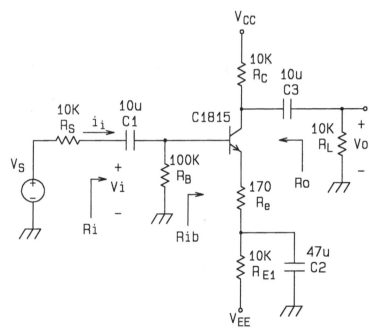

圖10.12　含射極極電阻的共射極放大器

解： 首先作直流分析，其等效直流偏壓電路如圖10.13所示。

$$V_{EE} = I_B R_B + V_{EE} + (R_{E1} + R_e).I_E$$

$$= I_B R_B + V_{EE} + (1 + \beta)\, I_B\, (R_{E1} + R_e)$$

$$I_B = \frac{V_{EE} - V_{BE}}{R_b + (1 + \beta)\,(R_E + R_e)} = \frac{10 - 0.7}{100 + (1 + 100)\,(10 + 0.17)}$$

$$= 8.3\mu\text{A}$$

$$I_C = \beta I_b = 100 \times 8.3\mu\text{A} = 0.83\text{mA}$$

$$V_{CE} = V_{CC} - (-V_{EE}) - I_C R_C - I_E\,(R_e + R_{E1})$$

$$= 10 - 10 - 0.83\,(10 + 10 + 0.17)$$

$$= 3.3\text{V} > 0.3 \quad \text{（在作用區）}$$

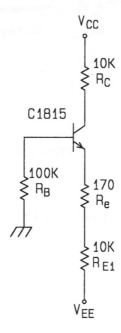

圖10.13　圖10.12的直流等效電路

計算小信號模型：

$$g_m = \frac{I_C}{V_T} = \frac{0.83}{0.025} = 33.2\text{mA/V}$$

$$r_\pi = \frac{\beta}{g_m} = \frac{100}{33.2} = 3\text{K}\Omega$$

$$r_o = \frac{V_A}{I_C} = 120\text{K}\Omega$$

重繪小信號模型，如圖10.14所示。

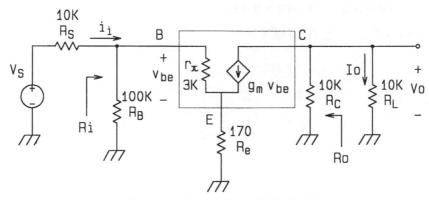

圖10.14 圖10.12的小信號等效電路

故

$$R_{ib} = r_\pi + (1 + \beta)\,R_e = 3 + (100 + 1)\,0.17 = 20.17\text{k}$$

$$R_i = R_{ib} \parallel R_B = 20.17 \parallel 100 = 16.8\text{K}$$

忽略r_o，則

$$V_O = -\,g_m v_{be}\,(R_C \parallel R_L)$$

$$= -\,33.2 v_{be}\,(10 \parallel 10) = -166 v_{be}$$

$$v_{be} = \frac{R_i}{R_S + R_i}\,\frac{r_\pi}{R_i}\,V_S = \frac{16.8}{(16.8 + 10)}\,\frac{3}{20.17}\,V_S$$

$$= 0.093 V_S$$

$$V_O = -166 \times 0.093 V_S$$

$$A_V = \frac{V_O}{V_S} = -15.5 \text{ V/V}$$

用以求輸出阻抗之電路如圖10.15所示。

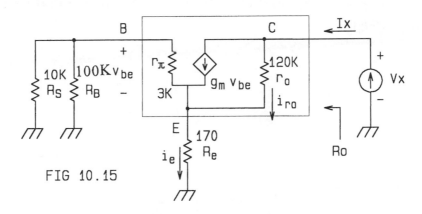

FIG 10.15

圖10.15 圖10.12用以求輸出阻抗的等效電路

$$R_e' = R_e \parallel (r_\pi + (R_B \parallel R_S)) = 170 \parallel (3K + (100K \parallel 10K))$$

$$= 167.6\Omega$$

$$i_{ro} = I_X - g_m v_{be}$$

$$= i_x - g_m I_X R_e' \times \frac{(-r_\pi)}{(r_\pi + (R_S \parallel R_B))}$$

$$= i_x \left(1 + 33.2 \times 0.1676 \times \frac{3K}{(3K + 10K \parallel 100K)} \right)$$

$$= 2.38 I_x$$

$$V_X = I_X R_e' + i_{ro} r_O$$

$$= 0.1676 I_X + 120 \times 2.38 I_X$$

$$R_{OC} = \frac{V_X}{I_X} = 287k$$

$$R_O = R_{OC} \parallel R_C = 287K \parallel 10K = 9.67K$$

10.2.5 共基極放大器

輸入訊號加於電晶體放大器的射極而輸出取自放大器的集極，此種組態放大器稱為共基極放大器(CB組態)，其特點為輸入阻抗極低，電流增益略小於1而電壓增益則相當大，且高頻特性良好，因此廣泛使用於射頻放大電路。

　　共基極放大器的電路架構如圖10.16(a)，其小信號等效電路如圖10.16(b)所示。電路分析如下：

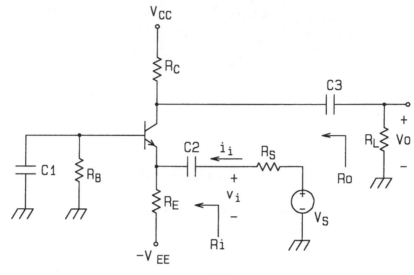

(a)電路圖

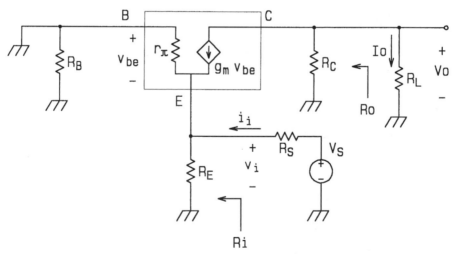

(b)小信號等效電路(π模型)

圖10.16　共基極放大器

$$i_i = \frac{v_i}{R_E} + \frac{v_i}{r_\pi} - g_m v_{be}$$

$$v_{be} = - v_i$$

$$i_i = v_i \left(\frac{1}{R_E} + \frac{1}{r_\pi} + g_m \right)$$

$$R_i = \frac{v_i}{i_i} = \frac{1}{\left(\dfrac{1}{R_E} + \dfrac{1}{r_\pi} + g_m \right)}$$

$$= R_E \parallel r_\pi \parallel \frac{1}{g_m}$$ (10.19)

$$v_i = v_S \times \frac{R_i}{(R_S + R_i)}$$

$$v_O = -g_m v_{be} \, (R_C \parallel R_L)$$

$$= -g_m \, (-v_i) \, (R_C \parallel R_L)$$

$$= g_m \, (R_C \parallel R_L) \, v_S \times \frac{R_i}{(R_S + R_i)}$$

$$A_V = g_m \, (R_C \parallel R_L) \frac{R_i}{(R_S + R_i)}$$ (10.20)

利用T模型分析其共基極電路

共基極放大器其T模型等效電路如圖10.17所示，電路分析如下：

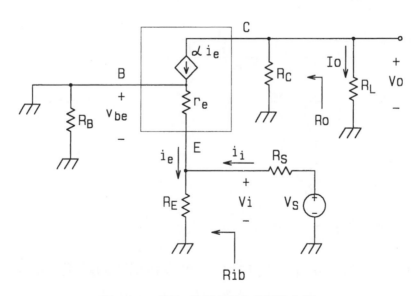

圖10.17　利用T模型分析共基極放大器

$$R_i = r_e \parallel R_E$$

$$v_i = v_S \times \frac{R_i}{(R_S + R_i)}$$

$$i_e = -\frac{v_i}{r_e}$$

$$v_O = -(R_C \parallel R_L)\, \alpha i_e$$

$$= -(R_C \parallel R_L)\, \alpha \left(\frac{-v_i}{r_e}\right)$$

$$= \alpha\,(R_C \parallel R_L)\, \frac{1}{r_e}\, \frac{R_i}{(R_S + R_i)}\, v_S$$

$$A_V = \alpha\,(R_C \parallel R_L)\, \frac{1}{r_e}\, \frac{R_i}{(R_S + R_i)} \tag{10.21}$$

將上式稍作代換，仍可得與(10.20)式相同的結果。

$$A_V = \frac{\beta}{1+\beta}\,(R_C \parallel R_L)\, \frac{1}{r_e}\, \frac{R_i}{R_S + R_i}$$

$$A_V = \frac{\beta}{r_\pi}\,(R_C \parallel R_L)\, \frac{R_i}{R_S + R_i}$$

$$R_i = r_e \parallel R_E = \frac{1}{\dfrac{1}{r_e} + \dfrac{1}{R_E}} = \frac{1}{\dfrac{(1+\beta)}{r_\pi} + \dfrac{1}{R_E}}$$

$$= \frac{1}{\dfrac{1}{r_\pi} + \dfrac{\beta}{r_\pi} + \dfrac{1}{R_E}}$$

$$= \frac{1}{\dfrac{1}{r_\pi} + g_m + \dfrac{1}{R_E}}$$

$$= r_\pi \parallel R_E \parallel \frac{1}{g_m}$$

上式與10.19同，故不論用T模型都可得到相同的結果。而由上面分析，可發現使用T模型分析共基極組態較使用 π 模型更容易。

例10.4 如圖10.18(a)之共基極放大器，試求 R_i，A_V。

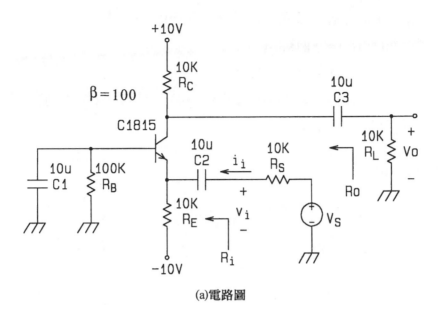

(a)電路圖

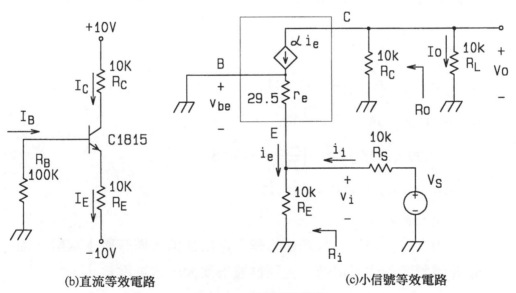

(b)直流等效電路　　　　　　　　　(c)小信號等效電路

圖10.18 共基極放大器

解： 首先做直流分析，直流等效電路如圖10.18(b)。

$$0 - (-V_{EE}) = I_B R_B + V_{BE} + I_E R_E$$

$$V_{EE} = I_B R_B + V_{BE} + (1 + \beta) I_B R_E$$

$$I_B = \frac{V_{EE} - V_{BE}}{R_B + (1 + \beta) R_E} = \frac{10 - 0.7}{100K + (1 + 100) \times 10K} = 8.38\mu A$$

$$I_C = 8.38\mu \times 100 = 0.838mA$$

$$V_{CE} = V_{CC} - (- V_{EE}) - I_C R_C - I_E R_E$$

$$= 10 - (- 10) - 0.838 (10 + 10) = 3.24V > 0.3V \quad (作用區)$$

小信號模型計算如下：

$$\alpha = \frac{\beta}{(1 + \beta)} = \frac{100}{(1 + 100)} = 0.99$$

$$g_m = \frac{I_C}{V_T} = \frac{0.838}{0.025} = 33.52mA/V$$

$$r_\pi = \frac{\beta}{g_m} = \frac{100}{33.52} = 2.98K\Omega$$

$$r_e = \frac{r_\pi}{(1 + \beta)} = 29.5\Omega$$

電晶體以小信號T模型取代後重繪小信號等效電路，如圖10.18(c)所示。

$$R_i = r_e \parallel R_E = 29.5 \parallel 10K = 29.5\Omega$$

$$v_i = V_S \times \frac{29.5}{(10K + 29.5)} = 0.00294V_S$$

$$v_O = - \alpha i_e (R_C \parallel R_L)$$

$$= - 0.99 \times (10K \parallel 10K)\left(\frac{-v_i}{29.5}\right) = 167.8v_i$$

$$= 167.8 \times 0.00294V_S = 0.474V_S$$

$$A_V = 0.474V/V$$

由上分析可知，共基極的輸入電阻極低，僅有數十歐姆。因此，除非信號源的內阻很低，否則很難得到大的電壓增益。

10.2.6 共集極放大器

輸入信號加於電晶體的基極，而輸出則取自電晶體的射極，此種電路稱之為共集極放大器(CC組態)。此種電路的電壓增益稍小於1，但由於其輸入阻抗高，而輸出阻抗低，因此常用來作為阻抗匹配之用(提供高輸入阻抗及推動低阻抗的負載)。在多級放大器架構裡，通常出現於輸入級及輸出級，一般又稱為射極隨耦器。

　　共集極放大器其電路如圖10.19(a)所示，圖10.19(b)則為小訊號等效電路。電路分析如下：

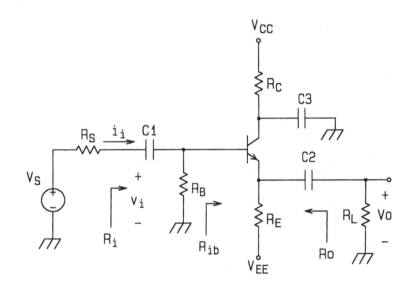

(a)電路圖

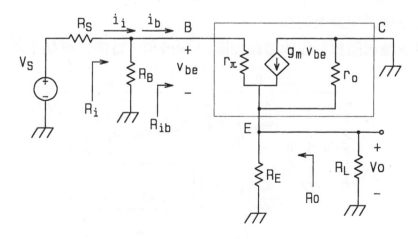

(b)將電晶體以 π 模型取代的等效電路
圖10.19　共集極或射極隨耦器組態

$$R_E' = R_E \parallel R_L \parallel r_O$$

$$v_O = (i_b + \beta i_b) R_E'$$

$$= (1 + \beta) i_b R_E'$$

$$v_b = v_O + i_b r_\pi = i_b (r_\pi + (1 + \beta) R_E')$$

$$R_{ib} = \frac{v_b}{i_b} = r_\pi + (1 + \beta) R_E' \tag{10.22}$$

$$R_i = R_{ib} \parallel R_B$$

$$v_b = V_S \times \frac{R_i}{(R_S + R_i)}$$

$$v_O = (1 + \beta) R_E' i_b$$

$$= \frac{(1 + \beta) R_E'}{r_\pi + (1 + \beta) R_E'} \frac{R_i}{R_S + R_i} V_S$$

$$A_V = \frac{V_O}{V_S} = \frac{(1 + \beta) R_E'}{r_\pi + (1 + \beta) R_E'} \frac{R_i}{R_S + R_i} \tag{10.23}$$

通常 $R_E' (1 + \beta) >> r_\pi$，故 $A_V = \dfrac{R_i}{(R_S + R_i)}$。

上式小於1，若 $R_i >> R_s$ 則 A_V 會更近於1。而於輸入電阻方面，由於在射極上的負載電阻，會被乘以 $(1 + \beta)$ 倍而出現於輸入阻抗上，因此通常輸入阻抗遠較其它幾種組態來的高。

致於求輸出阻抗的等效電路如圖10.20所示，電路分析如下：

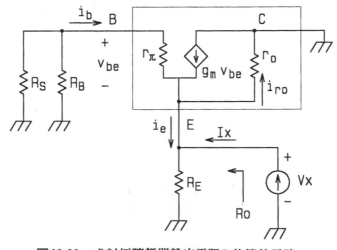

圖10.20　求射極隨耦器輸出電阻 R_o 的等效電路

$$I_X = \frac{V_X}{R_E} + \frac{V_X}{r_O} + \frac{V_X}{(r_\pi + (R_B \parallel R_S))} - g_m v_{be}$$

$$v_{be} = - V_X \frac{r_\pi}{r_\pi + (R_B \parallel R_S)}$$

$$I_X = \frac{V_X}{R_E} + \frac{V_X}{r_O} + \frac{V_X}{r_\pi + (R_B \parallel R_S)} + \frac{g_m V_X r_\pi}{r_\pi + (R_B \parallel R_S)}$$

$$= V_X \left(\frac{1}{R_E} + \frac{1}{r_O} + \frac{1+\beta}{r_\pi + (R_B \parallel R_S)} \right)$$

$$= V_X \left(\frac{1}{R_E} + \frac{1}{r_O} + \frac{1}{\frac{r_\pi + (R_B \parallel R_S)}{1+\beta}} \right)$$

$$= V_X \left(\frac{1}{R_E} + \frac{1}{r_O} + \frac{1}{r_e + \frac{R_B \parallel R_S}{1+\beta}} \right)$$

$$R_O = \frac{V_X}{I_X}$$

$$= \left(\frac{1}{R_E} + \frac{1}{r_O} + \frac{1}{r_E + \frac{R_B \parallel R_S}{1+\beta}} \right)^{-1}$$

故輸出電阻相當於 $R_E \parallel r_O \parallel \frac{(r_\pi + (R_B \parallel R_S))}{(1+\beta)}$。

或 $R_E \parallel r_O \parallel \left(r_e + \frac{(R_B \parallel R_S)}{(1+\beta)} \right)$。

其中最後一項表示由射極看入的電阻，即相當於原本在基極上的電阻會被縮小 $(1+\beta)$ 倍。

例10.5 如圖10.21的共集極放大器，試求 A_v，R_i，R_o。

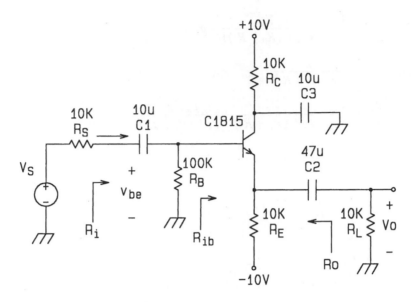

圖10.21　共集極放大器

解：此電路的直流等效電路與例10.2相同，故 $I_c = 0.838\,\mathrm{mA}$, $r_o = 120\,\mathrm{K}$,
$g_m = 33.52\,\mathrm{mA/V}$, $r_\pi = 2.98\,\mathrm{K}\Omega$ 重繪電路的小信號等效電路於圖10.22。

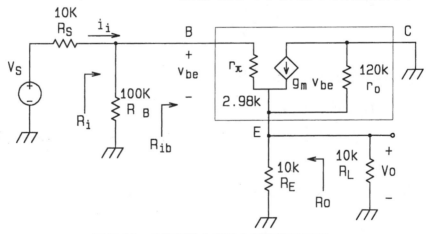

圖10.22　共集極放大器的小信號等效電路

$R_{ib} = r_\pi + (1+\beta)(R_E \parallel R_L \parallel r_o)$

$\quad = 2.98\mathrm{K} + (1+100)(10\mathrm{K} \parallel 10\mathrm{K} \parallel 120\mathrm{K}) = 488\mathrm{K}\Omega$

$R_i = R_{ib} \parallel R_B = 488\mathrm{K} \parallel 100\mathrm{K} = 83\mathrm{K}\Omega$

$v_b = V_s \times \dfrac{R_i}{(R_S + R_i)} = V_s \times \dfrac{83}{(10+83)}$

$$= 0.893 V_s$$

$$i_b = \frac{v_b}{R_{ib}}$$

$$v_O = (R_C \parallel R_L \parallel r_o)(1+\beta)i_b$$

$$= (R_C \parallel R_L \parallel r_o)(1+\beta)\ \frac{v_b}{R_{ib}}$$

$$= (10\text{K} \parallel 10\text{K} \parallel 120\text{K})(1+100)\times\frac{V_b}{488\text{K}} = 0.994 V_b$$

$$= 0.994 \times 0.893 V_s = 0.89 V_s$$

$$A_V = 0.89\ \text{V/V}$$

輸出阻抗

$$R_O = R_E \parallel r_o \parallel \frac{(r_\pi + (R_S \parallel R_b))}{(1+\beta)}$$

$$= 10\text{K} \parallel 120\text{K} \parallel \frac{(2.98\text{K} + (10\text{K} \parallel 100\text{K}))}{101}$$

$$= 117\Omega$$

　　以上針對各種組態的特性作了一番介紹，其特性摘要如表10.1所示。表10.2則為各種組態的典型值。

表10.1　各種放大器特性摘要

	CE	CE含射極電阻	CB	CC
輸入電阻	r_π	$R_B \parallel (1+\beta)R_E$	r_e	$R_B \parallel (1+\beta)R_E'$
輸出電阻	R_C	R_C	R_C	$R_E \parallel \left(re + \frac{R_S+R_B}{(1+\beta)}\right)$
電壓增益	$\dfrac{R_C'}{r_e}$	$\dfrac{R_C'}{r_e+R_E}$	$\dfrac{R_C'}{r_e+R_S}$	$\dfrac{(1+\beta)R_E'}{R_S+r_\pi+(1+\beta)R_E'}$

表10.2　各種放大器特性典型值

	CE	CE含射極電阻	CB	CC
輸入電阻	2 K	20 K	30	80 K
輸出電阻	10 K	10 K	10 K	100
電壓增益	-40	-15	0.5	0.9

10.3 實驗項目

材料表：電阻　　　150Ω×1,　1KΩ×2,　5.6KΩ×1,　10KΩ×1,
　　　　　　　　　15KΩ×1,　39KΩ×1,　220KΩ×1

　　　　電解電容　10μf×3,　100μf×1
　　　　電晶體　　2SC1815×1,　2SA1015×1

工作一　共射極放大器

實驗目的：瞭解共射極放大器的特性及頻率響應

實驗步驟：(1)如圖10.23之接線。

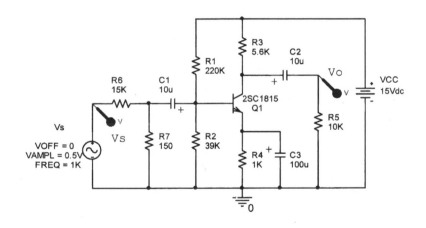

圖10.23　共射極放大器

(2)不加輸入信號，直接利用三用電表(最好為數位電表，因其輸
　入阻抗較高，較不會產生負載效應)測量電晶體各接腳的電壓
　V_B，V_C，V_E以計算其電流及工作點；並將結果記錄於表10.3
　中。

表10.3　電晶體直流偏壓測量結果

組態	BJT	V_B	V_C	V_E	I_B	I_C	I_E	V_{CE}
CE	2SC1815							
CB	2SA1015							
CC	2SC1815							
	2SA1015							

⑶信號產生器輸出加於輸入端，調整其波形為1KHz，正弦波，振幅為 0.5V，因本電路的增益較大，因此輸入訊號先經過 R_6，R_7 衰減 100 倍(－40db)，利用示波器觀察 V_s 及 V_o 之波形，並將波形記錄於圖10.24中；並計算其電壓增益，特別注意 V_s 及 V_o 的相位關係。

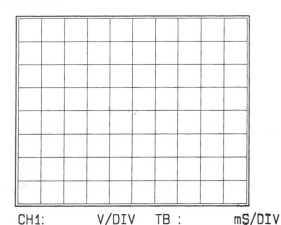

```
CH1: _____ V/DIV   TB : _____ mS/DIV
CH2: _____ V/DIV   Av : _____
```

圖**10.24**　共射極放大器輸入及輸出之波形

⑷利用⑵之實驗結果，以求電晶體的小信號模型，重繪電路的小信號等效電路，並加以分析其電壓增益，比較其結果與實驗所測量的差異。

⑸將信號產生器的頻率逐漸提高以觀察放大器的頻率響應，將輸出電壓的振幅記錄於表10.4中。

表10.4 共射極放大器的輸出電壓對頻率的特性

	33Hz	100Hz	330Hz	1KHz	3.3KHz	10KHz	33KHz	100KHz
C1815								
A1015								

⑹利用表10.4之結果繪出共射極放大器的頻率響應圖於圖10.25。

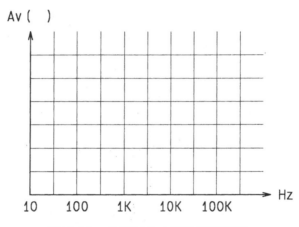

圖10.25 共射極放大器的頻率響應

⑺將跨於射極與地之間的射極旁路電阻取下，並將輸入的 R_6 衰減電路取消，如圖 10.26，(含有射極電阻的共射極放大器)，將信號產生器的電壓調整為1V之大小，重複步驟⑶－⑹之各項實驗。

⑻將電晶體改為PNP型(A1015)，電路圖修改如圖10.27，重作以上各項實驗。請注意，電源的極性與電容器的極性必須相反。

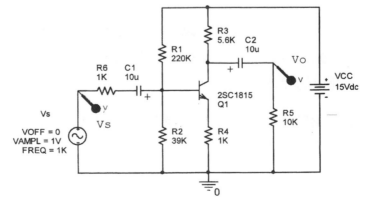

圖10.26 含射極電阻的共射極放大器

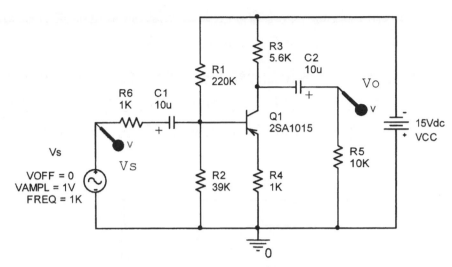

圖**10.27**　使用PNP電晶體的共射極放大器

工作二　共基極放大器

實驗目的：瞭解共基極放大器的特性及頻率響應

實驗步驟：⑴如圖10.28之接線。

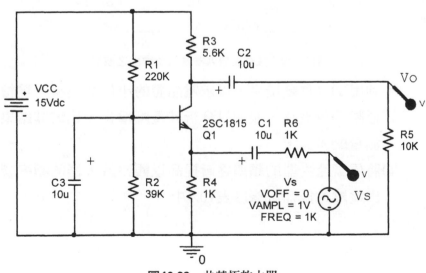

圖**10.28**　共基極放大器

⑵不加輸入信號，直接利用三用電表(最好為數位電表，因其輸入阻抗較高，較不會產生負載效應)測量電晶體各接腳的電壓 V_B, V_C, V_E以計算其電流及工作點。

⑶信號產生器輸出加於輸入端，調整其波形為1KHz，正弦波，振幅為1V，利用示波器觀察V_s及V_o之波形，並將波形記錄於圖10.29中；並計算其電壓增益，特別注意V_s及V_o的相位關係。

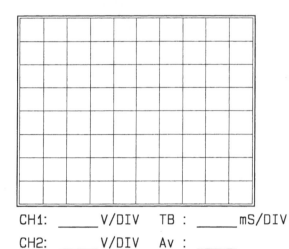

```
CH1: _____V/DIV    TB : _____mS/DIV
CH2: _____V/DIV    Av : _____
```

圖10.29　共基極放大器輸入及輸出之波形

⑷利用⑵之實驗結果，以求電晶體的小信號模型，重繪電路的小信號等效電路，並加以分析其電壓增益，比較其結果與實驗所測量的差異。

⑸將信號產生器的頻率逐漸提高以觀察放大器的頻率響應，將輸出電壓的振幅記錄於表10.5中。

表**10.5**　共基極放大器的輸出電壓對頻率的特性

	100Hz	330IIz	1KHz	3.3KHz	10KHz	33KHz	100KHz	330KHz
C1815								
A1015								

⑹利用表10.5之結果繪出共基極放大器的頻率響應圖於圖 10.30 。

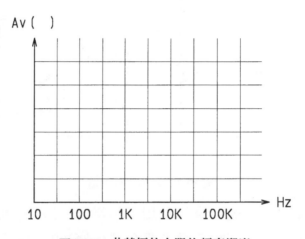

圖**10.30**　共基極放大器的頻率響應

⑺將電晶體改爲PNP型(2SA1015)，電路圖修改如圖10.31，重作 以上各項實驗。

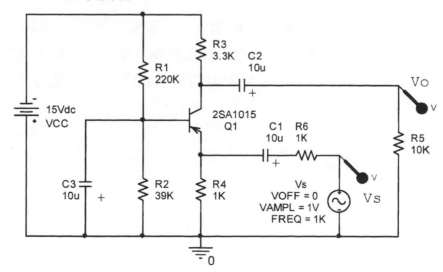

圖**10.31**　使用PNP電晶體的共基極放大器

工作三　共集極放大器

實驗目的：瞭解共集極放大器的特性及頻率響應

實驗步驟：(1)如圖10.32之接線。

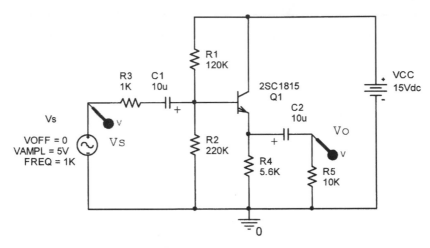

圖10.32 共集極放大器

(2)不加輸入信號，直接利用三用電表(最好為數位電表，因其輸
　　入阻抗較高，較不會產生負載效應)測量電晶體各接腳的電壓
　　V_B，V_C，V_E以計算其電流及工作點；並將結果記錄於表10.3
　　中。

(3)信號產生器輸出加於輸入端，調整其波形為1KHz，正弦波，
　　振幅為$5.0V_{P-P}$，利用示波器觀察V_s及V_o之波形，並將波形記錄
　　於圖10.33中；並計算其電壓增益，特別注意V_s及V_o的相位關
　　係。

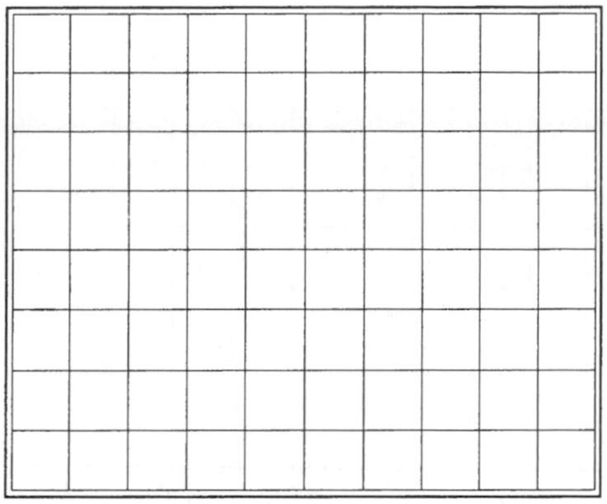

CH1: ＿＿＿ V/DIV　TB : ＿＿＿mS/DIV
CH2: ＿＿＿ V/DIV　Av : ＿＿＿

圖10.33　共集極放大器輸入及輸出之波形

(4)利用(2)之實驗結果,以求電晶體的小信號模型,重繪電路的小信號等效電路,並加以分析其電壓增益,比較其結果與實驗所測量的差異。

(5)將信號產生器的頻率逐漸提高以觀察放大器的頻率響應,將輸出電壓的振幅記錄於表10.6中。

表10.6　共集極放大器的輸出電壓對頻率的特性

	33Hz	100Hz	330Hz	1KHz	3.3KHz	10KHz	33KHz	100KHz
C1815								
A1015								

(6)利用表10.6之結果繪出共射極放大器的頻率響應圖於圖10.34。

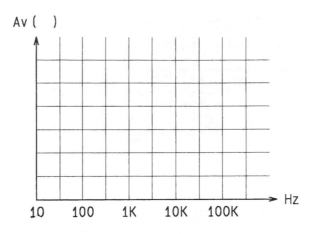

圖10.34　共集極放大器的頻率響應

(7)將電晶體改為PNP型(2SA1015)，電路修改如圖10.35，重做以
上各項實驗。

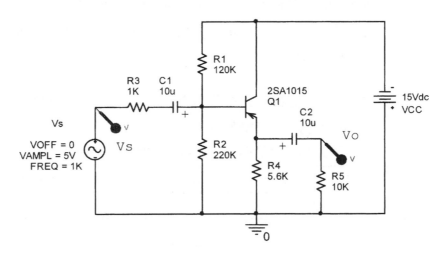

圖10.35　使用PNP的共集極放大器

10.4　電路模擬

　　本節中將以 Pspice 模擬軟體來分析電路的特性，使電路模型分析的結果
與實際電路實驗有一對照。

10.4.1　共射極放大器電路模擬

　　如圖 10.36 所示，各元件分別在eva1.slb，source.slb 及analog.slb，
選擇Time Domain分析，記錄時間自20ms 到24ms，最大分析時間間隔為
0.001ms。圖10.37 為輸入電壓與輸出電壓模擬結果，將輸入電壓改為Vac，
以作 AC Sweep 分析，觀察其頻率響應，掃描的起始頻率為10Hz，截止頻
率為1GHz，圖10.38 為共射極放大器頻率響應曲線。

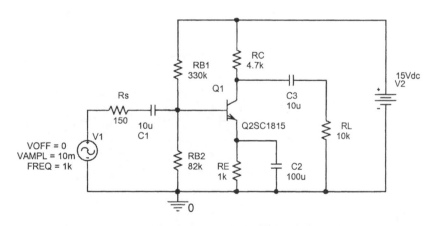

圖10.36　共射極放大器電路

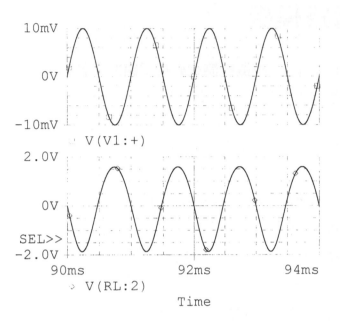

圖10.37 共射極放大器輸入電壓與輸出電壓

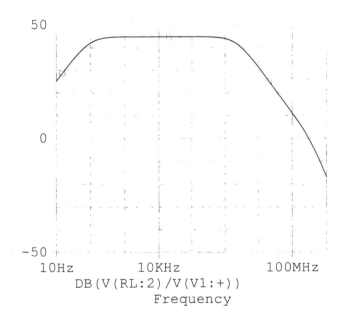

圖 10.38 共射極放大器頻率響應曲線

10.4.2　共基極放大器電路模擬

　　如圖 10.39 所示，各元件分別在 eval.slb，source.slb 及 analog.slb，選擇 Time Domain 分析，記錄時間自 20ms 到 24ms，最大分析時間間隔為 0.001ms。圖 10.40 為輸入電壓與輸出電壓模擬結果，將輸入電壓改為 Vac，以作 AC Sweep 分析，觀察其頻率響應，掃描的起始頻率為 10Hz，截止頻率為 1GHz，圖 10.41 為共基極放大器頻率響應曲線。

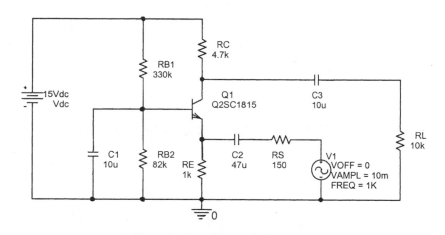

圖 10.39　共基極放大器電路

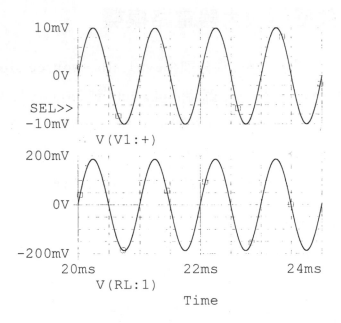

圖 10.40 共基極放大器輸入電壓與輸出電壓

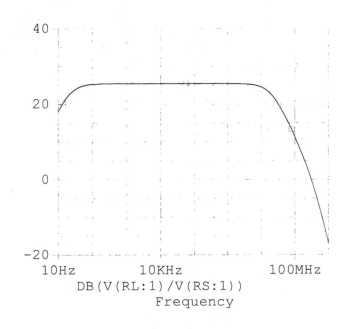

圖 10.41 共基極放大器頻率響應曲線

10.4.3　共集極放大器電路模擬

　　如圖 10.42 所示，各元件分別在 eval.slb，source.slb 及 analog.slb，
選擇 Time Domain 分析 ，記錄時間自 20ms 到 24ms，最大分析時間間隔為
0.001ms。圖 10.43 為輸入電壓與輸出電壓模擬結果，將輸入電壓改為 Vac，
以作 AC Sweep 分析，觀察其頻率響應，掃描的起始頻率為 10Hz，截止頻
率為 1GHz，圖 10.44 為共集極放大器頻率響應曲線。

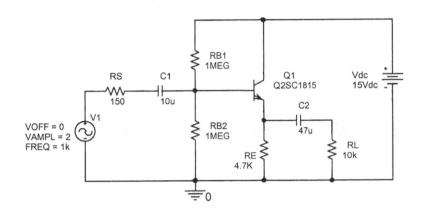

圖 10.42　共集極放大器電路

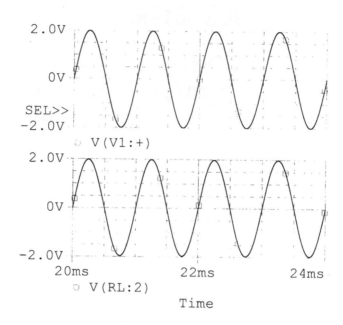

圖 10.43   共集極放大器輸入電壓與輸出電壓

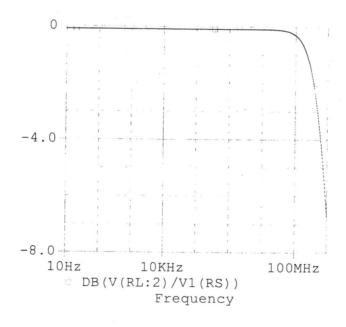

圖 10.44   為共集極放大器頻率響應曲線

第十一章
電晶體作爲開關

11.1　實驗目的

1. 電晶體的飽和與截止
2. 電晶體作爲開關
3. 加速電晶體的切換速度
4. 驅動電路的保護
5. 直流功率控制

11.2　相關知識

11.2.1　電晶體的飽和與截止

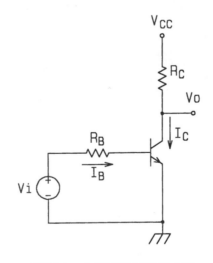

圖11.1　未偏壓電晶體放大器

　　電晶體除了作爲線性放大之用外，亦可作爲開關使用。如圖11.1之電路爲沒有偏壓的電晶體放大器。我們將V_i逐漸調大以繪出電晶體的轉移曲線($V_i - V_o$)，則可得如圖11.2之曲線。由圖上可看出，當$V_i < 0.5\,\text{V}$時(電晶體的

切入電壓)$I_b = 0$ ，此時集極亦無電流，因此$V_o = V_{CE} = V_{CC}$，此工作區稱為截止區，電晶體視為開路。

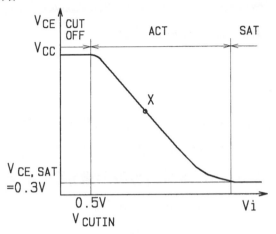

圖11.2　圖11.1電路的轉移曲線

當$V_i > 0.5$V則I_b逐漸增加，I_c亦比例增加，此工作區稱為作用區，電晶體作為放大器主要工作於此區域。V_o隨著V_i增加而減少。當V_i再增加則電晶體I_c不再因I_b增加而變化，而V_o亦維持固定在$0.2 \sim 0.3$V左右，此時稱為電晶體進入了飽和區。

如圖11.3所示為電晶在飽和區的模型。

(a)NPN型電晶體　　　　　　　　　(b)PNP型電晶體

圖11.3　電晶體飽和時的模型

11.2.2　電晶體開關的設計

要使電晶體進入飽和，則需要有足夠大的基極電流，以圖11.1為例，電路分析如下：

飽和的集極電流為

$$I_{C,\,sat} = \frac{V_{CC} - V_{CE,\,sat}}{R_C} \qquad\qquad (11.1)$$

因此使電晶體飽和的最小基極電流為

$$I_{B,\,sat,\,min} = \frac{I_{C,\,sat}}{\beta} \qquad\qquad (11.2)$$

為了避免因電晶體老化而使 β 值降低，因此實際的基極電流會比$I_{B,\,sat,\,min}$來的大，以確保在其它因素影響下，仍可使電晶體飽和，一般我們設計電路會使 I_B 比$I_{B,\,sat,\,min}$大上2～10倍(此稱為超載因數)而飽和集極電流對實際基極電流的比稱為 "強制 β" (β forced， forced β)。
即

$$\beta\ forced = \frac{I_{C,\,sat}}{I_B} \qquad\qquad (11.3)$$

例11.1 設計圖11.4的電晶體開關電路使超載因數至少是10而電晶體 β 值範圍為$50 < \beta < 150$。

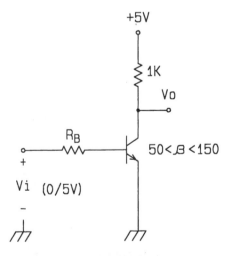

圖11.4　電晶體飽和電路

解： 假設電晶體飽和時$V_{CE} = 0.3\,V$

因此$I_{C,\,sat} = \dfrac{5V - 0.3V}{1K} = 4.7mA$

最低的飽和基極電流為(取最小的 β 值)

$$I_{B,\,sat,\,min} = \frac{4.7}{50} = 0.094\,\text{mA}$$

超載因數為10，故實際驅動的基極電流為：

$$I_{B,\,sat} = 10 \times I_{B,\,sat,\,min}$$

$$= 10 \times 0.94\,\text{mA} = 0.94\,\text{mA}$$

故 $R_B = \dfrac{V_i - V_{BE,\,sat}}{I_b} = \dfrac{5\text{V} - 0.7\text{V}}{0.94} = 4.57\,\text{k}\Omega$

11.2.3　加速電晶體切換速度

由於電晶體的空乏區電荷效應，因此要電晶體能快速進入飽和區則需要有較大的基極驅動電流。同樣的電晶體由飽和進入截止。由於電晶體空乏區的儲存電荷效應，因此限制電晶體關閉時間，故電晶體高速開關動作，則需能快速將此積蓄的電荷移走。

圖11.5則為加速電晶體開關速度的一種常用電路。其動作原理為：

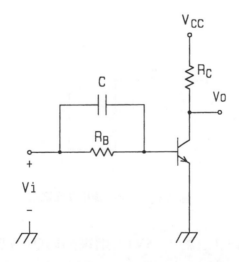

圖11.5　加速電晶體ON/OFF時間的飽和電路

1. 由截止驅動進入飽和：當 V_i 由零伏轉為高電壓時，對電容器而言，其瞬間可視為短路，使得電晶體開關由OFF變為ON的瞬間，送到基極之電流比原只有 R_B 電阻要大的多，比較大的電流可以加速電晶體進入飽和，所以可以加快電晶體開關進入飽和的時間，而在電容器充電後，即變成開路，對電晶體的動作就無影響了。

2. 由飽和驅動進入截止：當輸入電壓由高電位降為零而欲使電晶體進入截止時，此電容器兩端電壓不會立刻變化，因此在即短的時間內使基-射極變為逆向偏壓，使電晶體加速截止。

11.2.4　驅動電路的保護

電晶體飽和電路經常與運算放大器(OP amp)連接作為OP amp推動級以驅動繼電器等電感性負載或燈泡。其介面電路如圖11.6所示。二極體D1作為電晶體基極接面的箝位二極體。

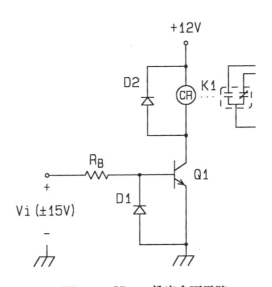

圖11.6　OP amp輸出介面電路

當OP amp輸出為 $+V_{sat}$(約＝15V)，則電晶體Q1傳導，基極電流為：

$$I_B = \frac{+V_{sat} - V_{BE}}{R_B}$$

　　此電流設計應夠大，使電晶體在任何條件下均能飽和(即需具有適當的超載因數)。而在輸出為低態時($-V_{sat}$，約-15V)則電晶體V_{BE}接面需承受此一反向電壓，然而電晶體的V_{BE}反向耐壓約4～6V而已，因此對大多數電晶體而言，B-E接面均因反偏而崩潰(如同崩潰的稽納二極體)。因此為了避免此一情形，加上二極體D1使得當輸入為$-V_{sat}$時，二極體D1導通以箝住V_{BE}之電壓，使該電壓限制在-0.7V左右，以保護電晶體。

　　而二極體D2則稱為飛輪二極體，當電晶體導通時，電感性負載(繼電器或電磁閥等)承受$V_{CC}-V_{CE1,\,sat}$的電壓而動作，此時二極體反偏，視同開路而不影響原來電路的動作。當電晶體由關閉轉為開路時。由於電感性負載瞬間切斷電流，因此電感性負載兩端會感應出一頗大的反電動勢($V_L=L\left(\dfrac{di}{dt}\right)$)，此反電動勢甚致於比電源電壓($V_{CC}$)高出數倍，因此經常使電晶體$V_{CE}$因過電壓而崩潰(永久性損壞)。加上D2此二極體，當電晶體關閉截止時，電感性負載的電流則仍持續流經D2。因此不致於造成太大的反電動勢而破壞電晶體。

　　當電晶體驅動白熾燈泡時，由於燈泡冷時及發熱間的電阻有相當大的變化，例如一24V，10W的車用燈泡，其冷時的電阻約為10歐姆，而通電發光時其電阻為

$$R=\frac{V\times V}{P}=\frac{24\times24}{10}=57.6\Omega$$

　　因此可預見的是：當電晶體ON時，啓動瞬間的電流約為正常工作電流的6倍左右，故對於經常ON/OFF的使用場合，此過大的脈動啓始電流將使燈泡壽命大為減低。尤其是使用在電動玩具或廣告燈方面，此問題更為嚴重。

　　有二種改善的方式，可避免此一問題，即對於燈泡的控制加以"預熱"的效果。

1. 如圖 11.7 所示，選擇適當的R_x電阻使原本電晶體截止時，亦有少許電流流經燈泡，而使燈絲微亮。R_x選擇如下：

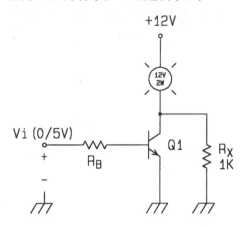

圖11.7　　電阻式燈泡預熱控制

　　假設使用的燈泡爲24V/10W，測得冷／熱時的電阻分別爲10Ω及60Ω。換句話說燈泡的電阻值從滅到點亮間由10Ω變化到60Ω。假設預熱電壓設計爲全電壓的四分之一，即相當於6V。而燈泡電壓爲6 V時，測得電阻爲45Ω，因此

$$燈泡電流爲 = \frac{6V}{45Ω} = 0.133 \text{ amp}$$

$$選擇 R_x 之值爲 = \frac{24\text{V} - 6\text{V}}{0.133} = 135Ω$$

$$R_x 之功率額定 I^2 R_x = 0.133^2 \times 135 = 2.4\text{W}$$

2. 另一種預熱的方式則採用脈波寬度調變的方式，如圖 11.8 所示，電晶體的基極除了原本R_{B1}由原控制信號控制外，另加上R_{B2}由另一可調脈波寬度的信號源控制。若V_i爲高電位，則電晶體導通，燈泡全亮，如同一般控制。若V_i爲低電位，則電晶體的基極由另外一可調脈波寬度的信號產生器控制，作高速ON/OFF。舉例而言，若此控制的信號脈波，其工作週期(輸出爲高電位與整個週期的比)爲25%，頻率爲

250Hz。波形如圖上所示，則加於燈泡的平均功率相當於四分之一之額定功率。若要改變明／暗比，則可改變工作周期。此種控制方式是改變燈泡通電的時間比，並無分流電阻R_x的額外功率損耗，因此整體控制效率較圖 11.7 為佳。

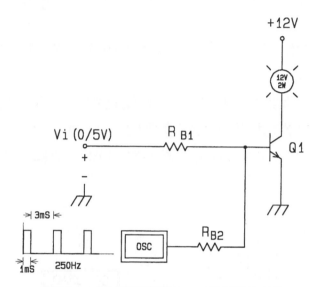

圖11.8　脈波寬度調變(PWM)控制燈泡預熱

11.2.5　直流功率控制

傳統直流功率控制乃是利用於負載兩端串一可變電阻以作為負載功率調整。如圖 11.9 所示，加至負載電壓為：

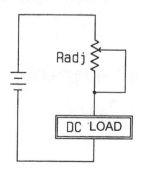

圖11.9　使用可變電阻作直流功率調整

$$V_{Load} = V_{DC} \times \frac{R_{Load}}{R_{adj} + R_{Load}}$$

而負載的消耗功率為

$$P_{Load} = \frac{V_{Load}^2}{R_{Load}}$$

　　此種調整方式雖然簡單，但用以調整的可變調電阻須消耗掉大量的功率，整體調整效率很差。

　　利用電晶體高速開關作脈波寬度調變控制，可改善此一缺點。如圖11.10所示，改變加於基極的脈波寬度比(工作週期)，則可改變加於直流負載的功率。當電晶體全導通時(工作週期為100%，即輸入控制信號高電位)則加於負載的功率為：

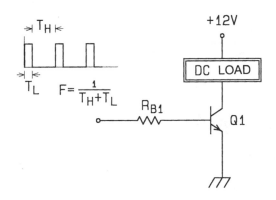

圖11.10 脈波寬度調變方式的直流功率控制法

$$P_{full} = \frac{V_{CC}^2}{R_{Load}}$$

若改變工作週期，則加於負載的平均功率為

$$P_{av} = \frac{1}{T}\int_0^{Ton} \frac{V_{CC}^2}{R_{Load}}\, dt$$

$$= \frac{Ton}{T}\frac{V_{CC}^2}{R_{Load}} = P_{full}\frac{Ton}{T}$$

$$= P_{full} \times 工作週期$$

由於電晶體是操作在飽和區與截止區兩者之間，因此電晶體的損失很小，調整效率高。

11.3 實驗項目

材料表：電阻　　　　56KΩ×1，　1KΩ×1，　120KΩ×1，　22KΩ×1，

　　　　　　　　　　10KΩ×1，　100KΩ/5W×1，　5.6KΩ×1

　　　　電解電容　100μf×1，　10μf×1

　　　　陶磁電容　50pf×1，　150pf×1，　2200pf×1

　　　　二極體　　1N4004×1

　　　　電晶體　　2SC1815×1，　2SA1015×1，　2SC1384×1

　　　　可變電阻　5K(B)

　　　　繼電器　　Coil:12V，CONTROL:110V，5A×1

　　　　燈泡　　　12V/2W×1

工作一　電晶體當作開關

實驗目的：瞭解電晶體開關的轉移曲線

實驗步驟：(1)如圖11.11之接線。

　　　　　(2)輸入接一直流電源，逐漸調整輸入電壓，並記錄V_i及V_o之電壓於表11.1中，並利用其結果繪出V_i-V_o曲線於圖11.12中，標示出飽和區，作用區及截止區。

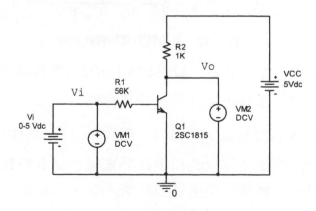

圖11.11　電晶體開關轉移曲線的測量

表11.1　電晶體開關電路輸入對輸出特性

Q1	V_i	0.2V	0.5V	1V	1.5V	2V	2.5V	3V	3.5V	4V	4.5V	5V
2SC1815	120K											
	56K											
	22K											
	10K											
2SA1015	120K											
	56K											
	22K											
	10K											

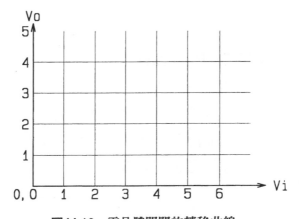

圖11.12　電晶體開關的轉移曲線

(3)將 R1 為 120KΩ、22KΩ 及 10KΩ，重作以上之實驗(曲線請繪於同一張圖內以便利比較其特性)。

(4)將電晶體改為 2SA1015，如圖 11.13，重作以上實驗。

(5)以上測試亦可以利用示波器直接測量其轉移曲線。如圖 11.14 所示，將信號產生器加於輸入端，示波器 CH1 及 CH2 分別測量 V_i 及 V_o。調整信號產生器使其輸入為 50HZ，$5V_{P-P}$ 之三角波或鋸齒波，並調整其直流偏移(DC offset)為 2.5V。

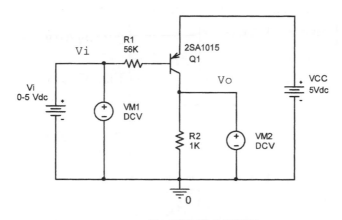

圖11.13　PNP 電晶體轉移曲線測量

(6)觀察 CH1 及 CH2 波形並記錄於圖 11.15(a)中。

(7)將示波器的兩輸入耦合選擇開關接地，掃描模式置於 X-Y 模式，調整垂直位置及水平位置使示波器光點於 CRT 中心。

(8)將示波器的兩輸入耦合選擇開關置於 DC 處，觀察其轉移曲線，並將結果繪於圖 11.15(b)中。

(9)將 R1 改為 120KΩ、22KΩ 及 10KΩ，重作(5)~(7)之實驗。

(10)改使用 PNP 電晶體，如圖 11.16 所示，重作以上實驗。

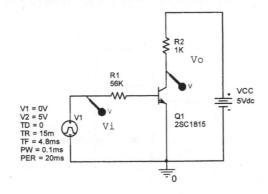

圖11.14　　電晶體轉移曲線測量

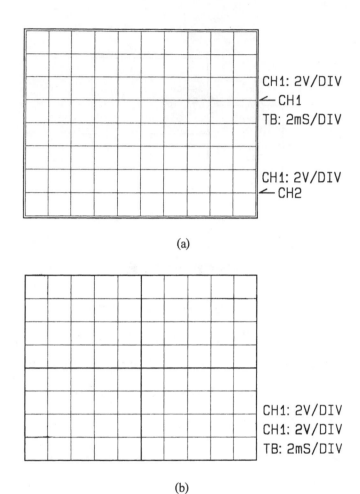

(a)

(b)

圖**11.15** 圖11.14的(a)輸入—輸出波形 (b)轉移曲線

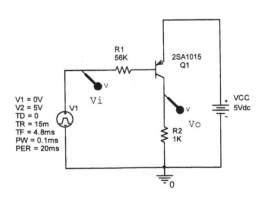

圖**11.16** PNP 電晶體轉移曲線測量

工作二　電晶體開關特性的測量

實驗目的：瞭解加速電容器對電晶體開關速度的影響

實驗步驟：⑴如圖 11.17 之接線。(電容器的 C1 先不接)

　　　　　　⑵V_i加入一10KHz，TTL位準的方波，觀察V_i, V_b及V_o之各點波形，並將結果記錄於圖11.18中。(示波器選擇以CH1作為觸發源)。

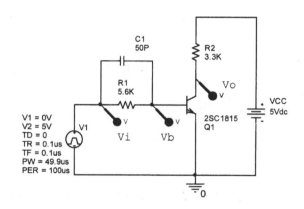

圖11.17　加速電晶體開關特性之測試電路

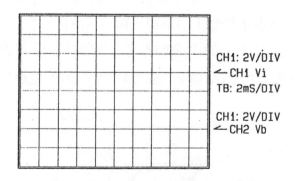

圖 11.18　圖 11.17 電晶體開關的各點波形

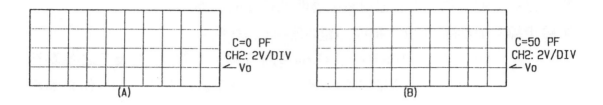

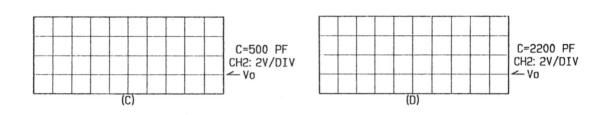

圖 11.18　圖 11.17 電晶體開關的各點波形(續)

(3)將R_B並聯上不同的電容值，如C＝50pf，150pf，2200pf，重作
　(2)之實驗，比較電容器大小對於電晶體開關速度的影響，並將
　結果分別繪於圖11.18(b)，(c)，(d)中。
(4)計算輸出波形的上升時間及下降時間(參考第二章)。
(5)電晶體改為 2SA1015，如圖 11.19 所示，重複以上實驗。

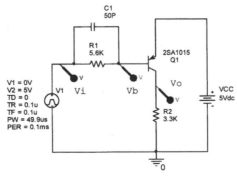

圖11.19

工作三　電感性負載的開關特性及保護

實驗目的：瞭解抑制電感性負載突波對電晶體開關的影響

實驗步驟：(1)如圖11.20之接線，以繼電器代表電感性負載。

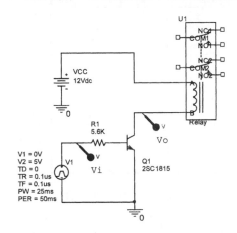

圖11.20　電感性負載的開關特性之測試電路

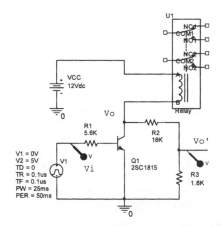

圖11.21　具10:1衰減信號的V_o電路

(2)輸入端加上TTL位準10Hz的方波。

(3)利用示波器觀察V_i及V_o之波形。觀察V_o處時應以10：1的衰減測試棒觀察，若無10：1的衰減測試棒，則可於輸出端加上衰減電路，如圖11.21所示，而CH2則測試V_o'點。並將結果記錄於圖11.22(a)中。

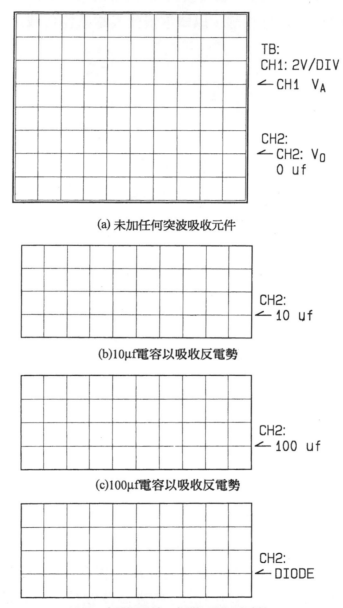

(a) 未加任何突波吸收元件

(b)10μf電容以吸收反電勢

(c)100μf電容以吸收反電勢

(d)以二極體(飛輪二極體)吸收反電勢

圖**11.22**　電感性負載的電壓波形

　　(由於需觀察三個波形，可將CH1固定於V_i，而CH2分別測試V_o的波形，唯觸發源(trigger source)應選擇以CH1為觸發信號以保持每個波形相位的一致。

(4)將繼電器兩端分別並聯上10μf，100μf及二極體，如圖11.23與圖11.24所示，重覆(3)之實驗，並將結果記錄於圖11.22(b)，(c)，(d)中。

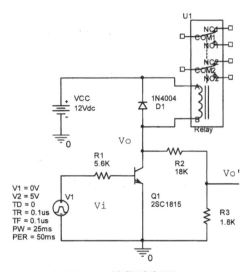

圖11.23　並聯電容器

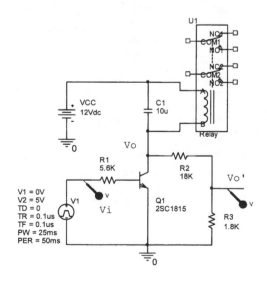

圖11.24　電感性負載的驅動電路(飛輪二極體)

工作四　直流功率控制

實驗目的：利用電晶體高速開關作脈波寬度調變控制以控制直流功率

實驗步驗：(1)如圖11.25所示之接線。V_o則接上一電壓表。

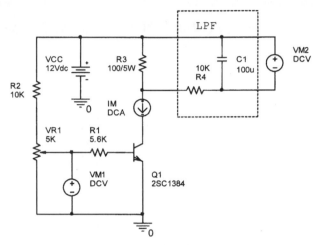

圖11.25　線性功率控制電路

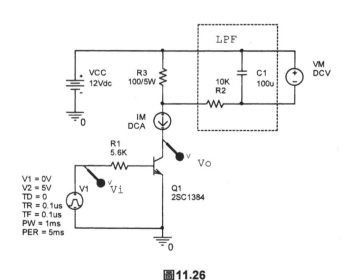

圖11.26

(2) 調整 VR1，記錄 VM1 及 VM2 於表 11.2 中，I_M 的電流值可由 VM2 除以 R3 電阻求得。

表 11.2

VM1						
VM2						
IM						
P_{R3}						
V_{Q1}						
P_{Q1}						
P_{VCC}						
Eff= P_{R3}/P_{VCC}						

(3) 將 R3 改以 12V 小燈泡取代觀察亮度變化。

(4) 如圖 11.26 的接線將 V_1 連接到信號產生器的 TTL 輸出，調整其頻率約為 200Hz，將信號產生器的波形對稱性旋鈕(SYM)設定為 ON，調整其工作週期為 20%，即輸出高電位時間為 1mS 而低電位時間為 4mS。測量其 V_o 的電壓。

(5) 重復調整不同的工作週期，使其分別為40％，60％，80％等，記錄其輸出電壓值於表11.3(請使用Trms型電壓表測量，否則將產生較大誤差)，並依此繪出工作週期對輸出電壓的關系於圖11.27。注意：調整工作週期時頻率亦跟著改變，請調整工作週期時亦同時調整頻率以保持整測試期間頻率為固定。

表11.3　工作週期對輸出電壓V_o的關係

工作週期	0%	20%	40%	60%	80%	100%
VM1 $_{RMS}$						
VM2 $_{RMS}$						
IM $_{RMS}$						
P_{R3}						
V_{Q1}						
P_{Q1}						
P_{VCC}						
Eff= P_{R3}/P_{VCC}						

⑹跟據表11.3之電壓值及電流值以計算加於燈泡負載功率。並將功率曲線亦同時繪於圖11.27中，同樣的功率曲線亦給予正規化。

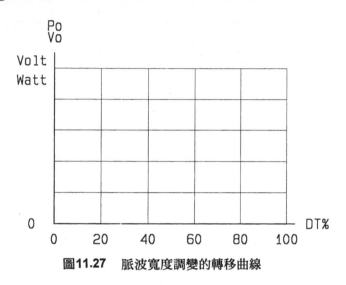

圖11.27　脈波寬度調變的轉移曲線

11.4　電路模擬

本節中將以Pspice模擬軟體來分析電路的特性，使電路模型分析的結果與實際電路實驗有一對照。

11.4.1　電晶體開關電路模擬

如圖11.28所示，各元件分別在eva1.slb，source.slb及analog.slb，選擇Time Domain分析，記錄時間自0ms到10ms，最大分析時間間隔為0.01ms。圖11.29為輸入電壓與輸出電壓模擬結果，圖11.30為轉移曲線。

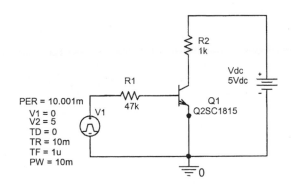

圖11.28　電晶體開關電路

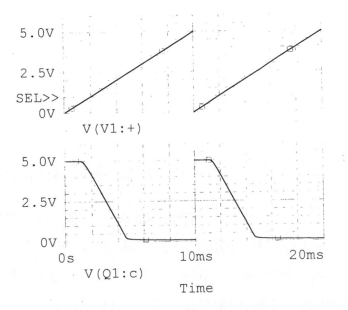

圖11.29　輸入電壓與輸出電壓

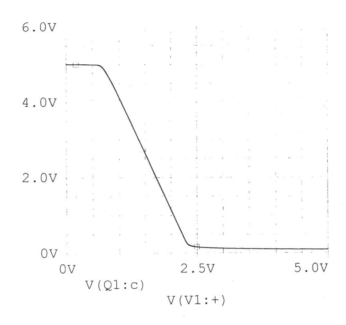

圖11.30 電晶體開關的轉移曲線

11.4.2 電晶體開關切換電感性負載電路模擬

　　如圖 11.31 所示，電感器的內阻以 R2 表示，各元件分別在 eval.slb，source.slb 及 analog.slb，選擇 Time Domain 分析 ，記錄時間自 0ms 到 200ms，最大分析時間間隔為 0.01ms。圖 11.32 為輸入電壓 V1(下圖)與輸出電壓(上圖-電晶體的集極)模擬結果，圖 11.33 為電感器兩端的電壓(包括內阻)與電流。

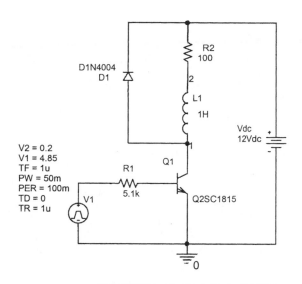

圖11.31　晶體開關切換電感性負載電路

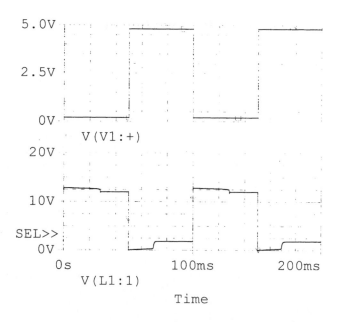

圖 11.32　晶體開關的輸入電壓與輸出電壓

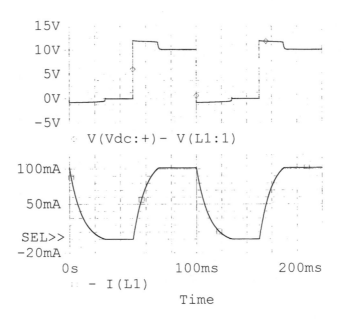

圖 11.33 電感器兩端的電壓與電流

第十二章
串級的放大器

12.1 實驗目的

1. 瞭解串級放大器架構
2. 直接交連串級放大器
3. 疊接放大器的特性

12.2 相關知識

　　爲了考慮放大器的阻抗匹配及穩定性起見，通常單一級放大器均不會設計太高的增益。因此，若需要較大增益的場合，則常使用串級放大器。

　　如圖12.1所示爲串級放大器的架構，如每一級的增益分別爲 A_{v1}, A_{v2}, ……A_{vn}，則總電壓增益爲各級增益的乘積，即

圖12.1　串級放大器的架構

$$A_v = A_{v1} \times A_{v2} \times \cdots\cdots \times A_{vn} \tag{12.1}$$

若每一級的增益以分貝(db)表示，則總增益之db爲各級增益db數的總和。

$$A_v(\text{db}) = A_{v1}(\text{db}) + A_{v2}(\text{db}) + \cdots\cdots A_{vn}(\text{db}) \tag{12.2}$$

12.2.1 串級放大器架構

　　多級放大器考慮阻抗匹配問題，例如通常對於放大高輸入阻抗信號及驅動低阻抗的負載，則慎選放大器的架構會有更理想效果。共集極放大器經常安排於串級放大器的輸入級及輸出級，以作爲阻抗匹配之用，而串級放大器的中間放大器則採用共射極放大器以提供較高的電壓及電流增益。

　　共基極放大器具有較佳的頻率特性，常使用於高頻放大方面。或作爲共射極放大器的負載(疊接放大器)以同時兼顧放大率及頻率特性。

　　變壓器耦合放大器通常使用於高頻電路，例如無線電接收機的射頻(RF)及中頻(IF)部份，變壓器除了作信號交連之外，同時亦並聯一電容器以構成諧振槽路，以提高放大器的頻率選擇特性，例如收音機的中頻放大電器僅放大某特定頻率。(AM的中頻爲455KHz，而FM的中頻爲10.7MHz)，此諧振槽路則共振於此一頻率以選擇此中頻。圖12.2所示爲變壓器耦合的中頻放大器。

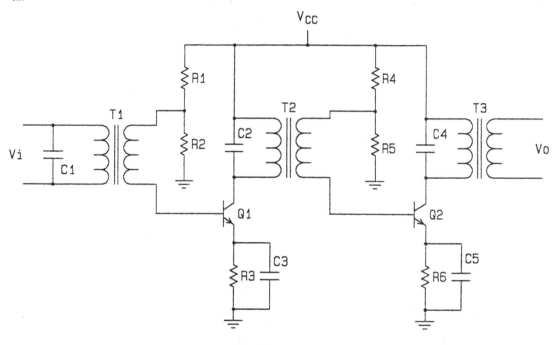

圖12.2　變壓器耦合的中頻放大器

12.2.2　串級放大器電路

　　串級放大器的前一級輸出用以推動下一級，因此下一級的輸入阻抗即相當於前一級的負載電阻，而上一級電路的輸出阻抗即爲下一級的信號源內阻。以下例子將說明此一情形。

例12.1 分析圖12.3串級放大器的增益。假設電晶體的$\beta = 100$，$V_A = 100\text{V}$。

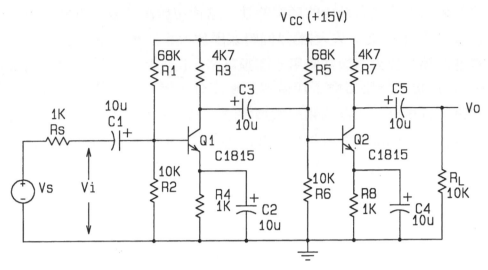

圖12.3　串級放大器

解：首先作直流分析，兩級放大器的偏壓相同，僅作第一級分析。

由第一級基極向左求直流等放電路如圖12.4所示。

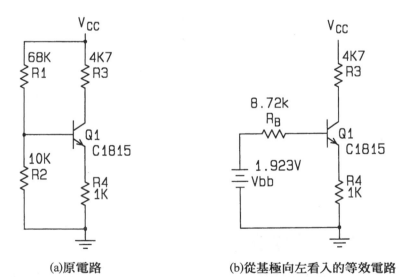

(a)原電路　　　　　　　　(b)從基極向左看入的等效電路

圖12.4　圖12.3每一級的直流等效電路

$$R_B = R_1 \parallel R_2 = 10K \parallel 68K = 8.72K$$

$$V_B = V_{CC} \frac{R_2}{R_1 + R_2} = 15 \left(\frac{10K}{60 + 10K} \right) = 1.923V$$

$$I_B = \frac{V_B - V_{BE}}{R_B + (1+\beta)\,R_4} = \frac{1.923 - 0.7}{8.72K + (1+100)\,1K} = 11.15\mu A$$

$$I_{C1} = I_{C2} = \beta I_B = 100 \times 11.15\mu A = 1.115mA$$

$$g_{m1} = g_{m2} = \frac{1.115}{0.025} = 44.5mA/V$$

$$r_{\pi1} = r_{\pi2} = \frac{\beta}{g_m} = \frac{100}{44.5} = 2.24K\Omega$$

$$r_o = \frac{V_A}{I_C} = \frac{100}{1.115} = 90K\Omega$$

故小信號等效電路如圖12.5所示，小信號電路分析如下：

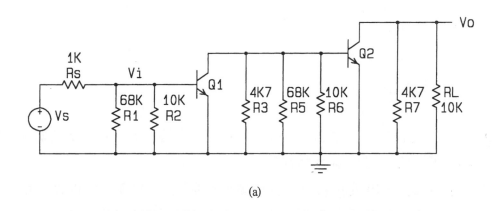

(a)

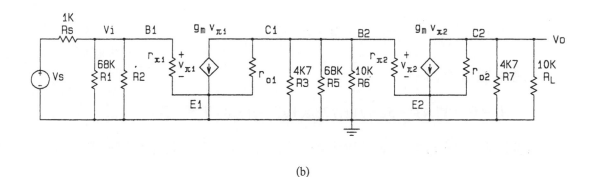

(b)

圖12.5　圖12.3的小信號等效電路　(a)原電路　(b)電晶體以π模型取代後的等效電路

$$v_{o2} = -g_{m2}v_{\pi2}(r_{o2} \parallel R_7 \parallel R_L)$$

$$= -44.5v_{\pi2}(90\text{K} \parallel 4.7\text{K} \parallel 10\text{K})$$

$$= -137.4v_{\pi2}$$

$$v_{\pi2} = -g_{m1}v_{\pi1}(r_{o1} \parallel R_3 \parallel R_5 \parallel R_6 \parallel r_{\pi2})$$

$$= -44.5v_{\pi1}(90\text{K} \parallel 4.7\text{K} \parallel 68\text{K} \parallel 10\text{K} \parallel 2.24\text{K})$$

$$= -56.7v_{\pi1}$$

$$R_i = R_1 \parallel R_2 \parallel r_{\pi1}$$

$$= 68\text{K} \parallel 10\text{K} \parallel 2.24\text{K}$$

$$= 1.78\text{K}$$

$$v_{\pi1} = V_S\left(\frac{1.78\text{K}}{1\text{K} + 1.78\text{K}}\right) = 0.64V_S$$

$$v_o = (-137.4)(-56.7)\,0.64V_s$$

$$A_v = \frac{V_o}{V_s} = 4994\,\text{V/V}$$

　　共集極放大器其電壓增益雖小於1，但對於訊號源阻抗高及負載阻抗低的放大器，卻能使整體增益大為提高。

例12.2 (1)如圖12.3的串級放大器，其信號源內阻$R_s = 1\text{M}\Omega$，求總電壓增益。

　　　(2)若將第一級改為共集極放大器，其總電壓增益又為多少？

解： (1)若信號源內阻為$1\text{M}\Omega$則

$$v_{\pi1} = V_S\left(\frac{1.78\text{K}}{1\text{M} + 1.78}\right) = 1.778 \times 10^{-3}V_s$$

　　總電壓增益為：

$$A_V = (-137.4)(-56.7)(1.778 \times 10^{-3}) = 13.84\,\text{V/V}$$

　　(2)若將第一級改為共集級放大器，如圖12.6所示，其小信號分析如下：

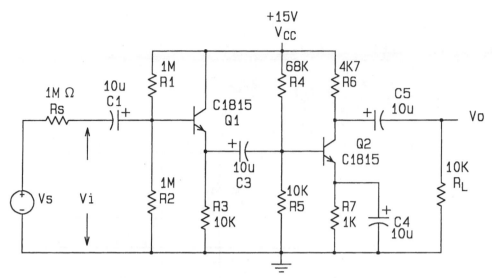

圖12.6　共集極放大器與共射極放大器組合的串級放大器

首先求第一級的工作點

$$R_B = R_1 \parallel R_2 = 1\text{M} \parallel 1\text{M} = 500\text{K}\Omega$$

$$V_{BB} = 15\left(\frac{1\text{M}}{1\text{M} + 1\text{M}}\right) = 7.5\,\text{V}$$

$$I_B = \frac{V_{BB} - V_{BE}}{R_B + (1 + \beta)\,R_3} = \frac{7.5\text{V} - 0.7\text{V}}{500\text{K} + 101 \times 10\text{K}} = 4.5\mu\text{A}$$

$$I_C = \beta I_B = 100 \times 4.5\mu\text{A} = 0.45\text{mA}$$

$$g_m = \frac{I_C}{V_T} = \frac{0.45}{0.025} = 18\text{mA/V}$$

$$r_\pi = \frac{\beta}{g_m} = \frac{100}{18} = 5.55\text{K}\Omega$$

$$r_{o1} = \frac{V_A}{I_C} = \frac{100}{0.45} = 222\text{K}\Omega$$

第二級工作點同例12.1，即 $g_{m2} = 44.5\,\text{mA/V}$ ，$r_{\pi2} = 2.24\,\text{K}\Omega$ 。小信號等效電路如圖12.7所示。

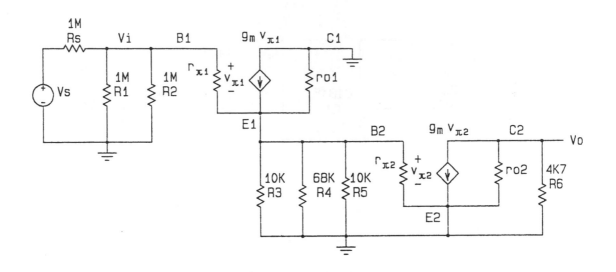

圖12.7 圖12.6的小信號等效電路

$$v_o = -g_{m2}v_{\pi 2} \times (r_{o2} \parallel R_6 \parallel R_L)$$
$$= -44.6 \,(90\text{K} \parallel 4.7\text{K} \parallel 10\text{K})\, v_{\pi 2}$$
$$= -137.4 \, v_{\pi 2}$$

$$R_{ib1} = r_{\pi 1} + (1 + \beta)\,(R_3 \parallel R_4 \parallel R_5 \parallel r_{\pi 2} \parallel r_{o1})$$
$$= 5.55\text{K} + (101)\,(10\text{K} \parallel 68\text{K} \parallel 10\text{K} \parallel 2.24\text{K} \parallel 222\text{K})$$
$$= 5.55\text{K} + 151.7\text{K} = 157.3\text{K}\Omega$$

$$v_{\pi 2} = v_{b1} \left(\frac{(1 + \beta)\,(R_3 \parallel R_4 \parallel R_5 \parallel r_{\pi 2} \parallel r_{o1})}{R_{ib1}} \right)$$
$$= v_{b1} \left(\frac{151.7\text{K}\Omega}{157.3\text{K}\Omega} \right)$$
$$= 0.965 v_{b1}$$

$$R_i = R_1 \parallel R_2 \parallel R_{ib1} = 1\text{M} \parallel 1\text{M} \parallel 157.3\text{K} = 120\text{K}\Omega$$

$$v_{\pi 1} = V_s \left(\frac{R_i}{R_s + R_i} \right) = V_s \left(\frac{120\text{K}}{1\text{M} + 120\text{K}} \right) = 0.1074 V_s$$

總電壓增益

$$A_V = (0.1074)\,(0.965)\,(-137.4)$$
$$= -14.2\text{V/V}$$

此增益反而較兩級均為共射極組態來的大。

12.2.3　直接耦合多級放大器

圖12.8為基本二級直接耦合放大器，特別注意，電路中並沒有耦合電容器或旁路電容器。第一級的集極電壓提供第二級基極偏壓。由於直接耦合的關係，此類放大器具有較佳的低頻響應，(因為電容耦合的放大器其耦合及旁路電容在實用的電容量下，低頻時電容抗變得太大，增加電容抗將導致增益減低)。

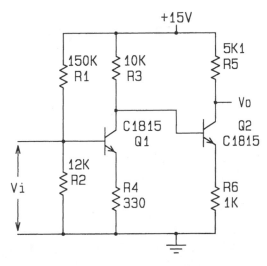

圖12.8　基本二極直接耦合放大器

另一方面，因為電路中沒有電容抗元件，直接耦合放大器能使用於頻率低到直流(0Hz)而不會失去增益。然而其缺點為：由於溫度或電源電壓變化使得直流偏壓有些微變動，而這些變化會由以下的各級放大器放大，因而造成整個電路直流位準的漂移。

例12.3求圖12.8直接耦合多級放大器的電壓增益。

解：電路分析如下

直流分析：

直流等效電路如圖12.9(a)所示。

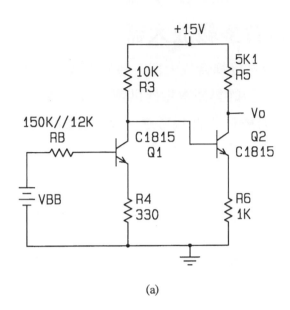

(a)

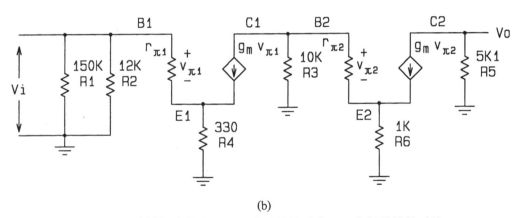

(b)

圖12.9 直接耦合放大器 (a)直流等效電路 (b)小信號等效電路

$$R_B = R_1 \parallel R_2 = 12\text{K} \parallel 150\text{K} = 11.1\text{K}$$

$$V_{BB} = 15 \left(\frac{12\text{K}}{150\text{K} + 12\text{K}} \right) = 1.11\text{V}$$

$$I_{B1} = \frac{V_{BB} - V_{BE1}}{R_B + (1 + \beta) R_4} = \frac{1.11\text{V} - 0.7\text{V}}{11.1\text{K} + (101) \times 330} = 0.0123\text{mA}$$

$$I_{C1} = \beta I_{B1} = 100 \times 0.0123 = 1.23\text{mA}$$

$$V_{C1} = 15 - 10\text{K} \times 1.23\text{mA} = 2.7\text{V}$$

$$I_{E2} = \frac{V_{C1} - V_{BE2}}{R_6} = \frac{2.7 - 0.7}{1\text{K}} = 2.0\text{mA}$$

$$g_{m1} = \frac{I_{C1}}{V_T} = \frac{1.23}{0.025} = 49.2\text{mA/V}$$

$$g_{m2} = \frac{I_{C2}}{V_T} = \frac{2.0}{0.025} = 80.0\text{mA/V}$$

$$r_{\pi1} = \frac{\beta}{g_{m1}} = \frac{100}{49.2} = 2.03\text{K}\Omega$$

$$r_{\pi2} = \frac{\beta}{g_{m2}} = \frac{100}{80.0} = 1.25\text{K}\Omega$$

故小信號等效電路如圖12.9(b)所示。

$$v_o = -g_m v_{\pi2} R_5$$
$$= -80.0 \times 5.1\, v_{\pi2} = -408 v_{\pi2}$$

$$R_{ib2} = r_{\pi2} + (1 + \beta)\, R_6$$
$$= 1.25\text{K} + (1 + 100)\, 1\text{K}$$
$$= 102.25\text{K}\Omega$$

$$v_{\pi2} = v_{C1} \frac{r_{\pi2}}{R_{ib}} = \frac{1.25}{102.25}\, v_{C1} = 0.01222 v_{C1}$$

$$v_{C1} = -g_m v_{\pi1}\, (R_3 \parallel R_{ib})$$
$$= -49.2\, (10\text{K} \parallel 102.25)\, v_{\pi1} = -448.2 v_{\pi1}$$

$$R_{ib1} = r_{\pi1} + (1 + \beta)\, R_4$$
$$= 2.03\text{K} + (101)\, 0.33$$
$$= 35.36\text{K}\Omega$$

$$v_{\pi1} = v_{b1} \left(\frac{r_{\pi1}}{R_{ib}} \right) = V_{b1} \left(\frac{2.03\text{K}}{35.36\text{K}} \right) = 0.0574 v_{b1}$$

$$R_i = R_1 \parallel R_2 \parallel R_{ib1}$$
$$= 12\text{K} \parallel 150\text{K} \parallel 35.36\text{K} = 8.45\text{K}\Omega$$

$$A_v = (-408)(0.01222)(-448.2)(0.0574)$$
$$= 128.3\text{V/V}$$

12.2.4 疊接放大器

所謂疊接放大器(cascade)是把一共射極放大器和共基極放大器串接而成，此種組合的中頻增益跟負載效果相當於共基極放大器的負載電阻代入共射極放大器負載電阻大致相同，但是頻率響應比單獨的共射極放大器要寬。

圖12.10為疊接放大器。電路分析如下：

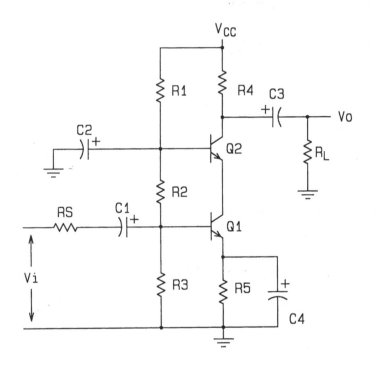

圖12.10 疊接放大器

首先重給出等效電路如圖12.11所示：

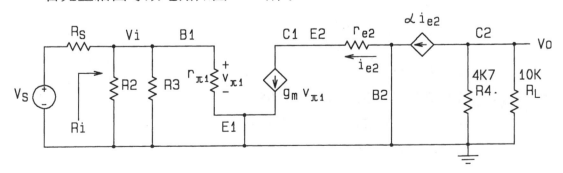

圖12.11 疊接放大器的小信號等效電路

$$v_o = -(R_C \parallel R_L)\,\alpha \times ie2$$

$$= -(R_C \parallel R_L)\,\alpha \times g_{m1}\, v_{\pi 1}$$

$$R_i = R_2 \parallel R_3 \parallel r_{\pi 1}$$

$$v_{\pi 1} = V_i = \frac{R_i}{R_S + R_i}\, V_S$$

$$v_o = -(R_C \parallel R_L)\,\alpha \times g_{m1} \times \frac{R_i}{R_s + R_i}\, V_s$$

$$A_v = \frac{V_o}{V_s} = -\frac{R_i}{R_s + R_i}\,\alpha \times g_{m1} \times (R_C \parallel R_L)$$

例12.4 求圖12.12疊接放大器的電壓增益

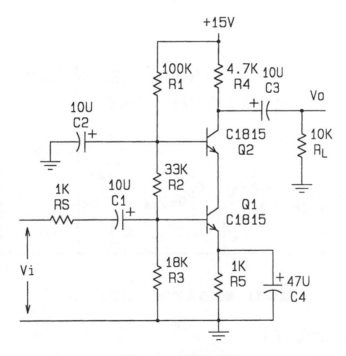

圖12.12　疊接放大器

解： 直流分析如下：

忽略I_B不計，則

$$V_{B1} = V_{CC}\frac{R_3}{R_1 + R_2 + R_3} = 15\,\frac{18\mathrm{K}}{100\mathrm{K} + 33\mathrm{K} + 18\mathrm{K}} = 1.79\mathrm{V}$$

$$V_{B2} = V_{CC} \frac{R_2 + R_3}{R_1 + R_2 + R_3} = 15 \frac{18\text{K} + 33\text{K}}{100\text{K} + 33\text{K} + 18\text{K}} = 5.07\text{V}$$

$$I_{E1} = \frac{V_{B1} - V_{BE}}{R_5} = \frac{1.79\text{V} - 0.7\text{V}}{1\text{K}} = 1.09\text{mA}$$

$$I_{C1} = I_{E2} = \alpha I_{E1} = 0.99 \times 1.09 = 1.08\text{mA}$$

$$I_{C2} = \alpha I_{E2} = 0.99 \times 1.08 = 1.07\text{mA}$$

$$g_{m1} = \frac{1.08}{0.025} = 43.2\text{mA/V}$$

$$g_{m2} = \frac{1.07}{0.025} = 42.8\text{mA/V}$$

$$r_{\pi 1} = \frac{\beta}{g_{m1}} = \frac{100}{43.2} = 2.31\text{K}\Omega$$

$$r_{e2} = \frac{V_T}{I_{E2}} = \frac{0.025}{1.08} = 23\Omega$$

由於疊接放大器第二級為共基極組態，故電晶體以 T 參數取代較易分析，其小信號等效電路如圖12.13所示：

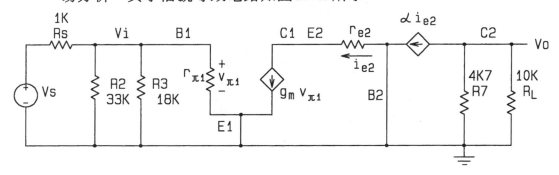

圖**12.13** 疊接放大器的小信號等效電路

$$v_o = -\alpha_2 I_{e2} (R_C \parallel R_L)$$

$$\quad = -\alpha_2 \left(\frac{-v_{C1}}{r_{e2}} \right) (R_C \parallel R_L)$$

$$A_{V2} = \frac{v_o}{v_{C1}} = \frac{0.99}{23} (4.7\text{K} \parallel 10\text{K}) = 138\text{V/V}$$

$$A_{V1} = \frac{v_{C1}}{v_{B1}} = \frac{-g_{m1} v_{\pi 1} r_{e2}}{v_{\pi 1}} = -g_{m1} r_{e2}$$

$$\quad = -43.2 \times 23 \times 10^{-3} = -0.994\text{V/V}$$

$$\frac{v_{\pi1}}{V_s} = \frac{(R_2 \parallel R_3 \parallel r_{\pi1})}{R_S + R_2 \parallel R_3 \parallel r_{\pi1}} = \frac{(33\text{K} \parallel 18\text{K} \parallel 2.31\text{K})}{1\text{K} + (33\text{K} \parallel 18\text{K} \parallel 2.31\text{K})}$$

$$= \frac{1.93}{2.93} = 0.66\,\text{V/V}$$

$$A_v = \frac{V_o}{V_s} = 138 \times (-0.99) \times 0.66 = -90\,\text{V/V}$$

關於頻率的問題，由於共射極放大器其電壓增益極大，因此電晶體的C_c電容因米勒效應而出現在輸入端的等效電容量為$C_c(1-A_v)$，即電容亦被放大了$(1-A_v)$倍，如圖12.14所示。此等效電容限制了共射極放大器的高頻響應，其高頻的$-3db$頻率為：

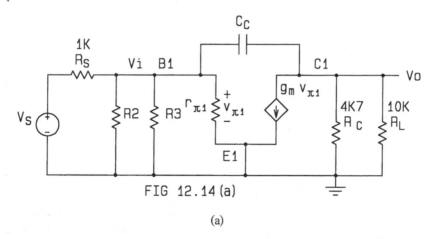

FIG 12.14 (a)

(a)

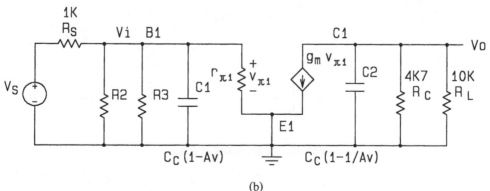

(b)

圖12.14 共射極放大器的米勒效應 (a)原電路 (b)米勒效應的等效電路

$$f(-3db) = \frac{1}{2\pi\,(R_s \parallel r_{\pi1}) \cdot C_c(1-A_v)}$$

　　而疊接放大器其共射極放大器的電壓增益為 $-g_{m1}r_{e2}$，此值接近 -1，因此由於米勒效應使 C_c 出現在基極端的等效電容遠小放共射極放大器，因此較適合放大高頻信號。

12.3　實驗項目

材料表：電阻　　　　1K Ω ×2,　1.2K Ω ×1,　1.5K Ω ×1,　1.8K Ω ×1,
　　　　　　　　　　3.3K Ω ×1,　5.6K Ω ×2,　10K Ω ×1,　15K Ω ×1,
　　　　　　　　　　22K Ω ×1,　39K Ω ×1,　120K Ω ×1,　220K Ω ×1

　　　　　電解電容　　1 μ f×3,　100 μ f×1

　　　　　電晶體　　　2SC1815×2

工作一　串級放大器

實驗目的：瞭解串級放大器的特性及頻率響應

實驗步驟：(1)如圖12.15之兩級放大器之接線。

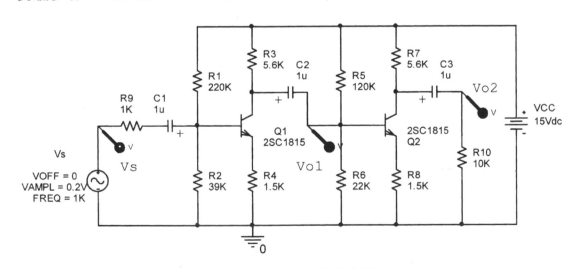

圖12.15　實驗的兩級放大器

　　(2)測量Q1及Q2電晶體的各接腳電壓，並依此結果計算電晶體各接腳電流，即 V_{B1}, V_{B2}, V_{C1}, V_{C2}, V_{E1}, V_{E2}, I_{C1}, I_{C2}, I_{B1}, I_{B2}, I_{E1}, I_{E2} 等。

⑶連接1KHz，0.2V的正弦波電壓於輸入端(V_S電壓)觀察V_{o1}及
　V_{o2}的電壓。(此電壓含有大的直流偏壓成份，因此各通道的輸
　入耦合選擇鈕請置於"AC"處，以消除偏壓的直流成份，並將
　結果記錄於圖12.16中。

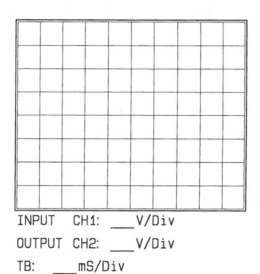

```
INPUT   CH1: ___V/Div
OUTPUT  CH2: ___V/Div
TB:   ___mS/Div
```

圖12.16 兩級放大器的輸出波形

⑷根據步驟⑶測得的電壓值以計算

$$A_{V2} = \frac{V_{o2}}{V_{o1}} \cdot A_{V1} = \frac{V_{o1}}{V_S} \cdot A_{VS} = \frac{V_{o2}}{V_S} = A_{v1} \cdot A_{v2}$$

⑸利用電晶體模型(I_E及β直流測試實際測得的值計算)分析此電路
　的增益，並比較⑷，⑸之結果。

⑹將輸入波形改為其它波形，如三角波或方波，觀察V_{o1}及V_{o2}之
　輸出電壓。

⑺信號仍調回原來的正弦波，而頻率自10Hz逐漸調高，記錄輸
　出電壓V_o之值於表12.1中並據此繪出電路的頻率響應曲線於圖
　12.17中。

表12.1 串級放大器的輸出振幅與頻率之關係

FREQ	10Hz	100Hz	1KHz	10KHz	50KHz	100KHz	300KHz	1MHz
V_{o1}								
V_{o2}								

$V_i=$　　　　V_{P-P}，正弦波

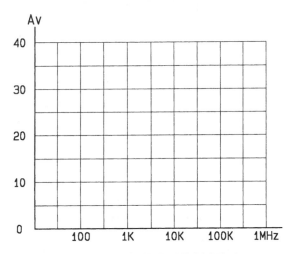

圖**12.17** 兩級放大器的頻率響應

工作二　直接耦合放大器

實驗目的：瞭解直接耦合放大器的特性及頻率響應

實驗步驟：(1)如圖12.18之接線。

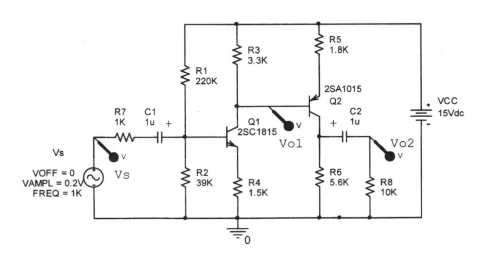

圖**12.18** 實驗的直接耦合放大器

⑵測量Q1及Q2電晶體的各接腳電壓，並依此結果計算電晶體各接腳電流，即V_{B1}，V_{B2}，V_{C1}，V_{C2}，V_{E1}，V_{E2}，I_{C1}，I_{C2}，I_{B1}，I_{B2}，I_{E1}，I_{E2}等。

⑶連接1KHz，0.2V的正弦波電壓於輸入端(V_s電壓)觀察V_{o1}及V_{o2}的電壓，並將結果記錄於圖12.19中。

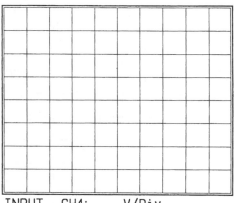

```
INPUT   CH1: ___ V/Div
OUTPUT  CH2: ___ V/Div
TB: ___ mS/Div        FIG 12.19
```

圖12.19　直接耦合放大器的輸出波形

⑷根據步驟⑶測得的電壓值以計算

$$A_{V2} = \frac{V_{o2}}{V_{o1}} \cdot A_{V1} = \frac{V_{o1}}{V_S} \cdot A_{VS} = \frac{V_{o2}}{V_S} = A_{v1} \cdot A_{v2}$$

⑸利用電晶體模型(I_E及β直流測試實際測得的值計算)分析此電路的增益，並比較⑷，⑸之結果。

⑹將輸入波形改爲其它波形，如三角波或方波，觀察V_{C1}及V_{C2}之輸出電壓。

⑺信號仍調回原來的正弦波，而頻率自10Hz逐漸調高，記錄輸出電壓V_o之值於表12.2中，並據此繪出電路的頻率響應曲線於圖12.20中。

表12.2　直接耦合放大器的輸出振幅與頻率之關係

FREQ	10Hz	100Hz	1KHz	10KHz	50KHz	100KHz	300KHz	1MHz
V_{o1}								
V_{o2}								

$V_i=$ 　　　　 V_{P-P} ，正弦波

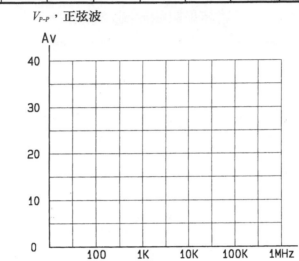

圖12.20　直接耦合放大器的頻率響應

工作三　疊接放大器

實驗目的：瞭解疊接放大器的特性及頻率響應

實驗步驟：(1)如圖12.21之接線。

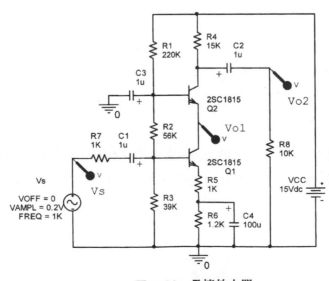

圖12.21　疊接放大器

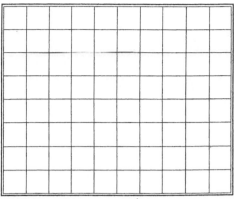

INPUT　CH1:　＿＿＿V/Div

OUTPUT CH2:　＿＿＿V/Div

TB:　＿＿＿mS/Div

圖12.22　疊接放大器的輸出波形

⑵測量Q1及Q2電晶體的各接腳電壓，並依此結果計算電晶體各接腳電流，即V_{B1}，V_{B2}，V_{C1}，V_{C2}，V_{E1}，V_{E2}，I_{C1}，I_{C2}，I_{B1}，I_{B2}，I_{E1}，I_{E2}等。

⑶連接1KHz，$0.2V$的正弦波電壓於輸入端(V_s電壓)觀察V_{o1}及V_{o2}的電壓，並將結束記錄於圖12.22中。

⑷根據步驟⑶測得的電壓值以計算

$$A_{V2} = \frac{V_{o2}}{V_{o1}} \cdot A_{V1} = \frac{V_{o1}}{V_S} \cdot A_V = A_{v1} \cdot A_{v2}$$

⑸利用電晶體模型(I_E及β直流測試實際測得的值計算)分析此電路的增益，並比較⑷，⑸之結果。

⑹將輸入波形改為其它波形，如三角波或方波，觀察V_{o1}及V_{o2}之輸出電壓。

⑺信號仍調回原來的正弦波，而頻率自10Hz逐漸調高，記錄輸出電壓V_o之值於表12.3中，並據此繪出電路的頻率響應曲線於圖12.23中。

表12.3　疊接放大器的輸出振幅與頻率之關係

FREQ	10Hz	100Hz	1KHz	10KHz	50KHz	100KHz	300KHz	1MHz
V_{o1}								
V_{o2}								

$V_s =$ 　　　　　V_{P-P}，正弦波

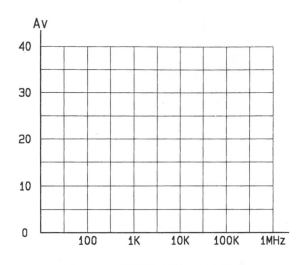

圖12.23 疊接放大器的頻率響應

12.4 電路模擬

本節中將以 Pspice 模擬軟體來分析電路的特性，使電路模型分析的結果與實際電路實驗有一對照。

12.4.1 疊接放大器電路模擬

如圖 12.24 所示，各元件分別在 eva1.slb，source.slb 及 analog.slb，選擇 Time Domain 分析，記錄時間 5ms，最大分析時間間隔為 0.001ms。圖 12.25 為輸入電壓與輸出電壓模擬結果，將輸入電壓改為 Vac，以作 AC Sweep 分析，觀察其頻率響應，掃描的起始頻率為 10Hz，截止頻率為 1GHz，圖 12.26 為疊接放大器頻率響應曲線。

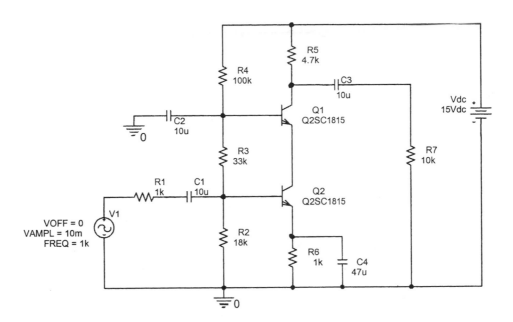

圖 12.24　疊接放大器電路

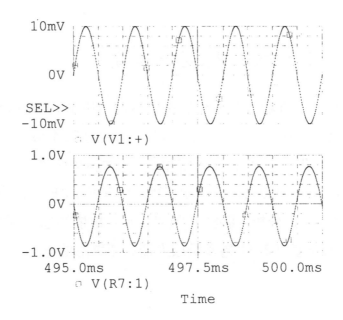

圖 12.25　疊接放大器電路輸入電壓與輸出電壓

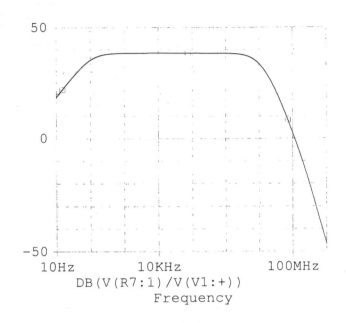

圖 12.26 　疊接放大器頻率響應曲線

12.4.2 　多級放大器電路模擬

　　如圖 12.27 所示，各元件分別在 eval.slb，source.slb 及 analog.slb，選擇 Time Domain 分析 ，記錄時間自 10ms 到 14ms，，最大分析時間間隔為 0.001ms。圖 12.28 為輸入電壓與輸出電壓模擬結果，圖 12.29 為第一級輸出電壓(Q1 集極)與第二級輸出電壓(Q2 集極)波形。將輸入電壓改為 Vac，以作 AC Sweep 分析，觀察其頻率響應，掃描的起始頻率為 10Hz，截止頻率為 10MHz，圖 12.30 為多級放大器頻率響應曲線。

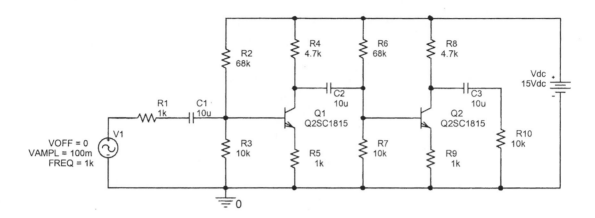

圖 12.27　多級放大器電路

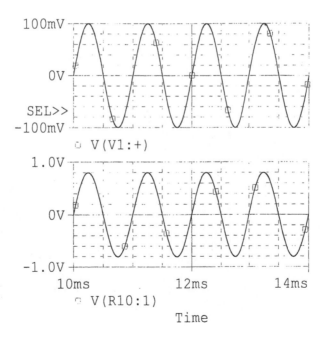

圖 12.28　多級放大器輸入電壓與輸出電壓

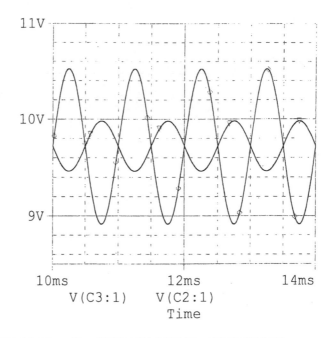

圖 12.29 第一級輸出電壓與第二級輸出電壓

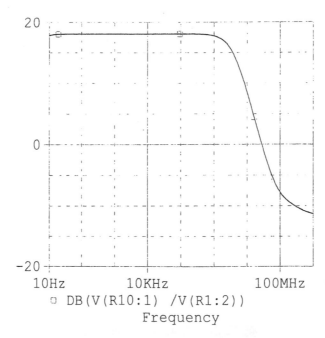

圖 12.30 為多級放大器頻率響應曲線

第十三章
達靈頓電晶體

13.1 實驗目的

1. 達靈頓射極隨耦器的特性
2. 達靈頓偏壓問題探討
3. 靴帶式達靈頓電路之原理及特性

13.2 相關知識

13.2.1 達靈頓電晶體

如圖13.1所示，將第一個電晶體Q1的射極接到第二個電晶體Q2的基極，而兩電晶體的集極則接在起，這種架構稱為達靈頓對(Darlington pair)。對此複合的電晶體而言，輸入基極電流為I_{B1}，輸出集極電流$I_C = I_{C1} + I_{C2}$

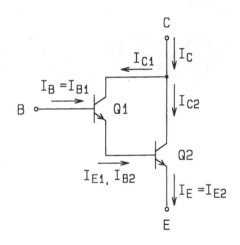

圖13.1 NPN型達靈頓電晶體

$$I_{C2} = \beta I_{B2} = \beta I_{E1} = \beta\,(\beta + 1)\,I_{B1}$$

從上式可求得複合電晶體的β_D值為：

$$\beta_D = \frac{I_C}{I_{B1}} = \frac{I_{C1} + I_{C2}}{I_{B1}} = \beta\,(\beta + 2) \cong \beta^2 \tag{13.1}$$

式中近似值是在β>>2時成立，例如β1 = β₂ = β = 100時；β_D = 10000，顯然電流增益大為提高。

達靈頓對的兩個電晶體承受的功率並不相同，例如假設I_C電流為1A，而電晶體的β值為50，則I_{C2}將負責流過98％的電流，而Q1僅流過約2％的電流，故Q1的電流額定遠小於Q2，然而耐壓則是兩電晶體相同。

圖13.2(a)為PNP型的達靈頓電晶體，接線和NPN型相同。

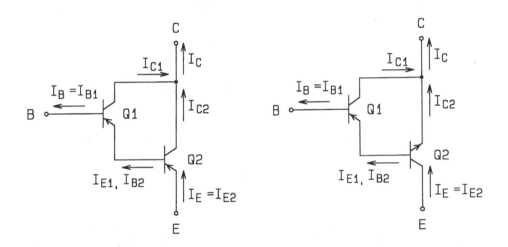

(a)PNP達靈頓電晶體　　　　　　(b)一個小功率PNP型和一個NPN型的功率電晶體
　　　　　　　　　　　　　　　　來組成 "擬達靈頓"
　　　　　　　　　　　　　　圖13.2

由於PNP型功率電晶體較少(尤其是高耐壓功率電晶體)，故經常有利用一個小功率PNP型的電晶和一個NPN型的功率電晶體來組成 "擬達靈頓" 電晶體。如圖13.2(b)所示，此種電晶體架構經常出現在音頻的功率放大器上。一般稱為半對稱互補式功率放大器。

13.2.2　達靈頓電晶體放大器分析

如圖13.3所示為達靈頓電晶體作為射極隨耦器。其小信號等效電路如圖13 .4，電路分析如下：

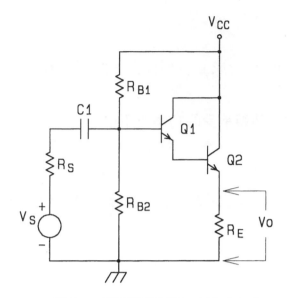

圖13.3　達靈頓電晶體作為射極隨耦器

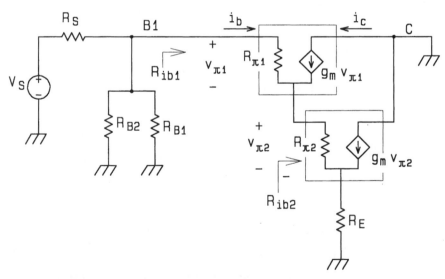

圖13.4　達靈頓電晶體作為射極隨耦器的小信號等效電路

由第二個電晶體基極看入的輸入電阻為：

$$R_{ib2} = r_{\pi2} + (1 + \beta_2)\, R_E$$

故

$$R_{ib1} = r_{\pi1} + (1 + \beta_1)\, R_{ib2}$$
$$\qquad = r_{\pi1} + (1 + \beta_1) \times (r_{\pi2} + (1 + \beta_2)\, R_E)$$

$$v_O = v_{B2} \frac{(1 + \beta_2)\, R_E}{R_{ib2}}$$

$$v_{B2} = v_{E1} = v_{B1} \frac{(1 + \beta_1)\, R_{ib2}}{R_{ib1}}$$

$$\qquad = \frac{(1 + \beta_1)\,(1 + \beta_2)\, R_E}{R_{ib1}} \tag{13.2}$$

$$R_i = R_{B1} \parallel R_{B2} \parallel R_{ib1}$$

電壓增益為：

$$v_{B1} = \frac{R_i}{R_S + R_i}\, V_s$$

總電壓增益為：

$$A_V = \left(\frac{R_i}{R_s + R_i}\right)\left(\frac{(1 + \beta_1)\,(1 + \beta_2)\, R_E}{R_{ib1}}\right) \tag{13.3}$$

從上式分析可發現，從達靈頓電晶基極看入的電阻很高

$$R_{ib1} = (1 + \beta_1)\,(1 + \beta_2)\, R_E$$

　　然而對於整體輸入阻抗卻因受基極偏壓電阻並聯的影響，使輸入阻抗大為降低。為改善此一缺點，經常達靈頓電晶體放大器常採用靴帶式偏壓方式以提高輸入電阻。

13.2.3　喇叭保護電路

　　圖 13.5 所示為一般音響內的喇叭保護電路，繼電器的接點就控制喇叭是否連接功率放大器。其電路有兩主要功能：(1)當電源投入時，提供一小段的延時，延遲喇叭使較晚連接功率放大器，避免電源投入時的暫態現象造成喇叭的巨響，導致喇叭的損毀。(2)當功率放大器輸出出現不當的直流電壓時，切離喇叭以避免喇叭因直流電壓燒毀。電路分析如下：

　　R5、R6、C2 提供電源投入的延遲時間，電源投入後 C2 經 R5、R6 分壓的電壓充電，當 V_{C1} 的電壓大於約 1.4V(電晶體 Q1、Q2 的導通電壓＝$V_{BE1}+V_{BE2}$)後，Q1、Q2 導通，使喇叭連接到當功率放大器輸出，此時 Q3 是不導通的。

　　功率放大器輸出正常時，喇叭的交流電壓會被 R2、R4、C1 組成的低通電路濾除，Q3 仍是不導通的。喇叭維持連接到功率放大器輸出。在正常時功率放的直流電壓是很小，會在 0.5V 以下，不會使 Q3 導通的。

　　當功率放大器發生異常的直流電壓(通常是單邊的功率電晶體燒毀，使輸出短路到電源)。此直流電壓使 Q3 導通，將 C2 電壓短路到地，關閉電晶體 Q1、Q2，切離喇叭，以避免喇叭因直流電壓燒毀。此時，通常同時把功率放大器的主電源切離，以避免故障問題擴大。

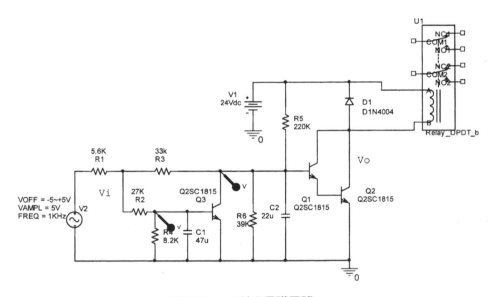

圖13.5　　喇叭保護電路

13.3 實驗項目

材料表：電阻　　　270Ω/1W×2, 150Ω×1, 2.2KΩ×1, 5.6KΩ×1,
　　　　　　　　　8.2KΩ×1, 15KΩ×1, 18KΩ×1, 27KΩ×1,
　　　　　　　　　33KΩ×1, 39KΩ×1, 10KΩ×1, 1KΩ×4,
　　　　　　　　　220KΩ×1

　　　　　二極體　　1N4004×1, BR(1A), ZD15×2

　　　　　電解電容　1μf×1, 47μf×2, 220μf×4, 22μf×1, 100μf×1

　　　　　電晶體　　2SC1815×3, 2SC1384×1

　　　　　變壓器　　110：18-0-18(1A)

工作一　RC延時電路

實驗目的：利用達靈頓射極隨耦器的高阻抗特性，配合電容器放電作時間電驛。

實驗步驟：⑴如圖13.6之接線，首先測量繼電器的直流電阻。

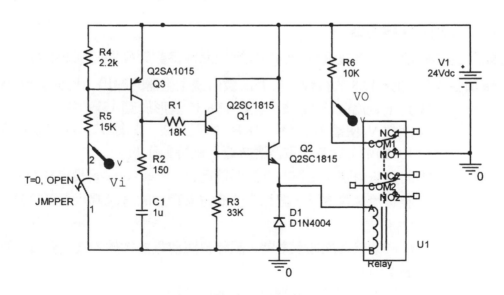

圖13.6　達靈頓射極隨耦器作時間電驛

(2)跳線先保持在閉合狀態，測試各點之直流電壓。

(3)跳線打開，記錄 V_i 與 V_o 的波形於圖 13.7 中，其變化的時間差就是延遲時間。

(4)電容器C1分別改為10μf，100μf，重複上面實驗。

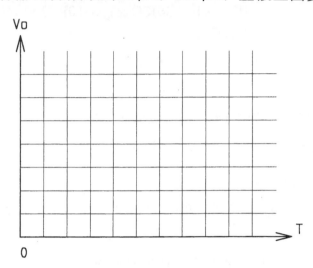

圖13.7　延時繼電器的放電曲線

工作二　喇叭保護電路

實驗目的：瞭解喇叭保護電路的動作原理與元件參數對延遲時間的影響。

實驗項目：(1)如圖 13.8 的接線，V_1 為函數信號產生器的輸出，V_1 先調於 0V。

(2)送上直流電源 V_{cc} 後，記錄 V_b、V_o 波形於圖 13.9 中。

(3)調整 V_1 使輸出為 5V、1KHz 的正弦波，記錄 V_i、V_b 波形於圖 13.10中，此時繼電器應該還是維持動作的。

(4)將函數信號產生器的直流偏置電壓(offset voltage)設定為 ON，調整直流偏置電壓，記錄會使繼電器釋放的直流偏置電壓於表13.1中。

(5)反向調整直流偏置電壓，記錄會使繼電器釋放的直流偏置電壓於表13.1中。

(6)改變不同的 R_4，重複(4)、(5)的步驟。

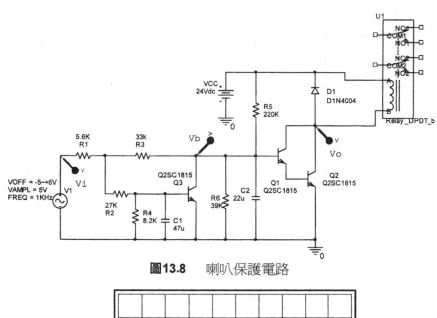

圖13.8　喇叭保護電路

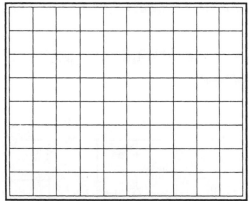

圖13.9　喇叭保護電路送電後的波形

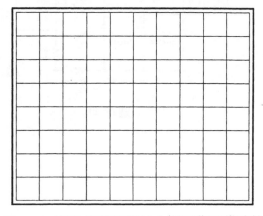

圖13.10　喇叭保護電路放大器工作正常時的波形

表 13.1

R_4	8.2 KΩ	15 KΩ	33 KΩ	56 KΩ	82 KΩ	120 KΩ
正電壓						
負電壓						

工作三　電晶體穩壓的雙電源

實驗目的：瞭解使用電晶體電流放大通以提升稽納二極體的輸出的動作原理，

實驗步驟：

(1) 如圖 13.11 的接線。

(2) 記錄 Vac、+Vdc、+Vp 及-Vn 的電壓。

(3) 使用示波器觀察並記錄 Vac、+Vdc、+Vp 及-Vn 的波形於圖 13.12 中

(4) 移除負載電阻 R_{Lp}，測量輸出電壓+Vdc，計算正電壓輸出的負載調整率。

(5) 如同步驟(4)，移除負載電阻 R_{Ln}，測量輸出電壓-Vdc，計算負電壓輸出的負載調整率。

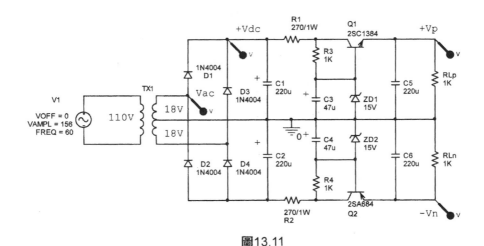

圖13.11

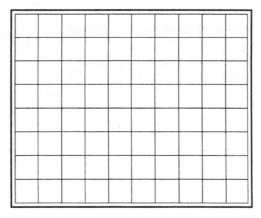

圖13.12

13.4　電路模擬

本節中將以 Pspice 模擬軟體來分析電路的特性,使電路模型分析的結果與實際電路實驗有一對照。

13.4.1　靴帶式達靈頓放大器電路模擬

如圖 13.13 所示,各元件分別在 eva1.slb, source.slb 及 analog.slb,選擇 Time Domain 分析 ,記錄時間自 45ms 至 50ms,最大分析時間間隔為 0.001ms。圖 13.14 為輸入電壓與輸出電壓模擬結果,將輸入電壓改為 Vac,以作 AC Sweep 分析,觀察其頻率響應,掃描的起始頻率為 10Hz,截止頻率為 1GHz,圖 13.15 為靴帶式達靈頓放大器頻率響應曲線。

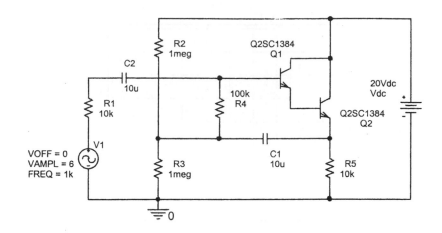

圖**13.13**　靴帶式達靈頓放大器電路

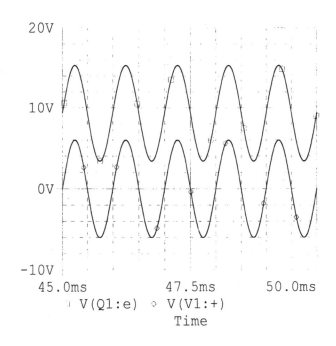

圖 13.14　靴帶式達靈頓放大器輸入電壓與輸出電壓

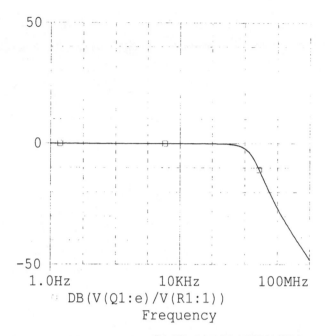

圖 13.15　為靴帶式達靈頓放大器頻率響應曲線

第十四章
場效電晶體

14.1 實驗目的

1. 瞭解增強型 MOSFET 的特性
2. 瞭解空乏型 MOSFET 的特性
3. 瞭解 CMOS FET 的特性
4. 瞭解 J-FET 的特性

14.2 相關知識

場效電晶體 (FET) 為當今最廣泛使用的一種半導體基本架構元件, 尤其是體積小, (比電晶體佔更小晶片面積), 製程較簡單, 因此廣泛使用於數位邏輯電路、 VLSI 及記憶體方面, 由於其電流的傳導僅由電子 (N 通道) 或電洞 (P 通道) 單一載子, 因此, FET 又稱為單載子電晶體。

除了通道形式不同之外, 又可以其控制電流方式不同而分為(1)增強型(2)空乏型及(3)接面型等三種不同 FET。

1. 增強型的金氧半場效電晶體

圖 14.1 為增強型 MOSFET 的物理結構。其構造為在一 P 型的半導體基材上之兩端分別擴散高濃度的 N 型區, 而成為源極 (SOURCE) 及汲極 (DRAIN),

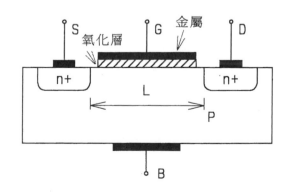

圖14.1 增強型 MOSFET 的物理結構

另外於基材上方覆蓋一層二氧化矽絕緣層。在二氧化矽絕緣層上方及兩 N 型區間做金屬層積作為電極。連接於二氧化矽上方的電極稱為閘極 (GATE)。

　　當閘極沒有偏壓時，汲極、源極間為兩個背對背的二極體。一個二極體是由 N 型汲極與 P 型基板構成，另一個二極體則是由 P 型基板與 N 型源極區構成的（二個二極體成背對背連接）。當加上電壓 V_{DS}，這兩個背對背的二極體阻絕了汲極、源極間電流的流通。

　　若把源極、汲極接地，閘極加上正電壓，如圖 14.2 所示的情形。因為源極接地，閘極電壓可視為源、閘極間的電壓，即 V_{GS}。首先閘極上的正電壓立即將自由電洞（帶正電荷）排出閘極下的基板區域（通道區），這些電洞被推入基板內部，留下一個載子空乏區。這個空乏區是由不能移動的受體雜質電荷構成的。因為原來與雜質電荷中和的電洞被推入基板內部，這些電荷因此露出來。

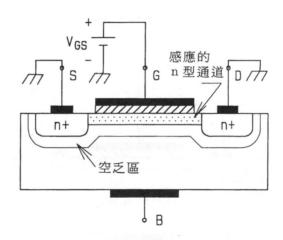

圖14.2　源極汲極接地，閘極加上正電壓時的增強型 MOSFET

　　相同的，正閘極電壓也會把電子從 n^+ 源、汲極（有許多電子）吸引到通道區，如圖所示。當在閘極之下基板表面的電子累積到足夠的數目時，一個等效的 n 型區形成，並將源極與汲極區聯接起來。現在，如果把電壓加在汲極、源極之間，電流將由移動的電子傳導，流過這個感應的 n 型區，如圖 14.3 所示。這個感應的 n 型區因此形成一個由汲極到源極的電流路徑，稱為通道

(channel)。

　　圖14.2的MOSFET的載子為電子,被稱為n通道MOSFET,或者NMOS 電晶體。能夠在通道累積足夠的移動電子以形成通道所需的 V_{GS} 值稱之為臨界電壓 V_t。 V_t 的值則是由元件製造時控制的,一般它的範圍由1到3伏。

　　MOSFET 的閘極和本體形成一個平行板電容,以氧化層為電容的介電層。正電壓使正電荷累積在電容的上極板(即閘電極),相對應下極板的負電荷由感應通道內的電子的形成,因此在垂直方向產生電場,這個電場控制通內道內的電荷數,決定通道電導,以及加 V_{DS} 時將會流過通道的電流。

A. 壓控電阻區(三極管區)

　　如圖 14.3 所示,有了感應通道之後,若在汲、源極之間加上一個正電壓 V_{DS}。我們首先考慮 V_{DS} 很小的情形(例如0.1 或 0.2 伏特)。電壓 V_{DS} 引起電流流過感應的n型通道。電流是由源極到汲極的自由電子傳導。 I_D 的大小是依照通道內的電子濃度決定,因而也是依照 V_{GS} 的大小來決定。

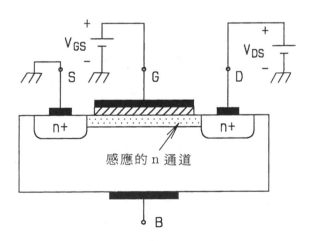

圖14.3　壓控電阻區時的增強型 MOSFET

　　當 $V_{GS} = V_t$ 時,通道剛感應出來,傳導的電流的大小可以忽略。當 V_{GS} 超過 Vt 時,更多的電子被吸引到通道內。我們可以把通道內導電載子的增加想像成通道深度的增加。結果是造成一個電導增加或相當於電阻減少的通道。事實上,通道的電導與超過的閘極電壓 $(V_{GS} - V_t)$ 成正比。因而,電流

I_D 也將與 $(V_{GS} - V_t)$ 成正比，當然也造成電流 I_D 與電壓 V_{DS} 成正比。其 I_D 與 V_{DS} 如圖 14.4 所示。其 I_D 可表示如下：

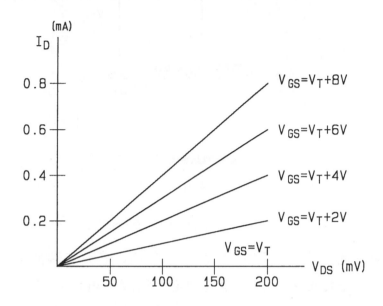

圖14.4　壓控電阻區時的增強型 MOSFET 的 V-I 曲線

$$I_D = K \times \left(2(V_{GS} - V_t) \times V_{DS} - V_{DS}^2\right) \qquad (14.1)$$

因 V_{DS} 很小，若忽略 V_{DS}^2 之值，則

$$I_D = 2K(V_{GS} - V_t) \times V_{DS} \qquad (14.2)$$

而等效 r_{DS} 為

$$r_{DS} = \frac{\Delta V_{DS}}{\Delta I_D} = \left(2K \times (V_{DS} - V_t)\right)^{-1} \qquad (14.3)$$

B.　飽和區（夾止區）

考慮 V_{DS} 增加時的情形。首先，令 V_{GS} 固定於一個大於 V_t 之值。參考圖 14.5，V_{DS} 為跨於通道的電壓降，意即當我們沿著通道由源極走到汲極，電壓相對於源極電壓則由 0 增為 V_{DS}。

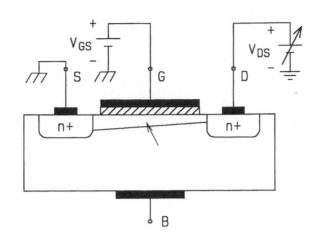

圖14.5　飽和區時的增強型 MOSFET

　　因此閘極與通道上的電壓差從源極端的 V_{GS} 至汲極端的 $V_{GS} - V_{DS}$。因為通道深度與此電壓有關，我們發現通道的深度不再是均勻的；而是形成如圖 14.5 所示的錐形，在源極端最深，而在汲極端最淺。當 V_{DS} 增加時，通道變得更尖，而且它的電阻也相對地增加。因此 $I_D - V_{DS}$ 曲線不再為直線而是如圖 14.6 所示地彎曲起來。

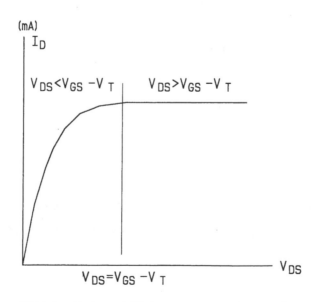

圖14.6　飽和區時增強型 MOSFET 的 V-I 曲線

最後當 V_{DS} 增加到使閘極與及汲極端通道的壓降為 V_t 時，即 $V_{DS} = V_{GS} - V_t$，汲極端深度降至幾乎為 0，此時之通道稱之為被夾止（pinch-off）。增加 V_{DS} 超過此值對通道的形狀只有很小的影響（理論上沒有影響），而流過通道的電流維持在 $V_{DS} = V_{GS} - V_t$ 時之值。汲極電流在此值飽和，MOSFET 稱之為進入飽和區操作（Saturation region）。開始進入飽和區時的 V_{DS} 記做 $V_{DS,\text{sat}}$。

在飽和區的 I_D 電流可表為：

$$I_D = K(V_{GS} - V_t)^2 \tag{14.4}$$

而壓控電阻區及飽和區的邊界由

$$V_{DS} = V_{GS} - V_t \tag{14.5}$$

來介定。當 $V_{DS} < V_{GS} - V_t$，則 FET 操作於壓控電阻區；若 $V_{DS} > V_{GS} - V_t$，則 FET 操作於飽和區。

圖 14.7 為 N 型 MOSFET 在飽和區時的 I_D-V_{GS} 特性曲線。而圖 14.8 為飽和區下的等效電路。而圖 14.9 則為 MOSFET 的輸出特性曲線，圖 14.10 則為考慮通道調變效應後的輸出特性曲線。其 I_D 電流方程式修正為：

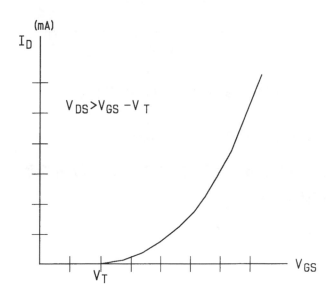

圖14.7　N 型 MOSFET 在飽和區時的 V_{GS}-I_D 特性曲線

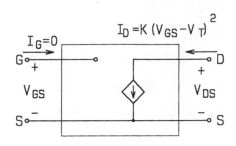

圖14.8 飽和區的 N 型 MOSFET 等效電路

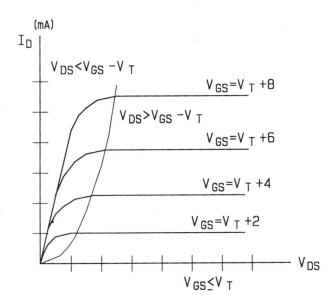

圖14.9 MOSFET 的輸出特性曲線

$$I_D = K(V_{GS} - V_t)^2(1 + \lambda \times V_{DS}) \tag{14.6}$$

式中 $\lambda = 1/V_A$，此值相於 MOSFET 的崩潰電壓。故考慮通道調變放應後其 MOSFET 的輸出電阻可表為：

$$r_o = \frac{\Delta V_{DS}}{\Delta I_{DS}} = (\lambda K(V_{GS} - V_t)^2)^{-1}$$

$$r_o = (\lambda I_D)^{-1} \doteqdot \frac{V_A}{I_D} \tag{14.7}$$

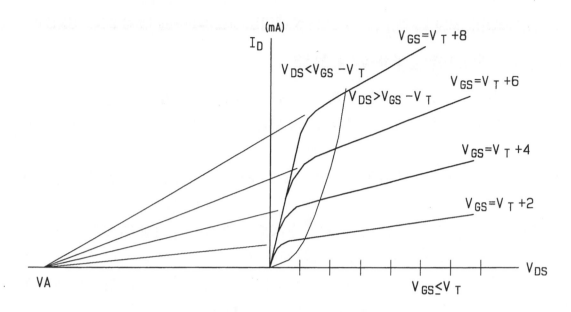

圖14.10　考慮通道調變效應的輸出特性曲線

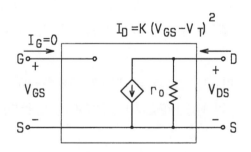

圖14.11　N MOSFET 考慮輸出電阻的大信號等效電路

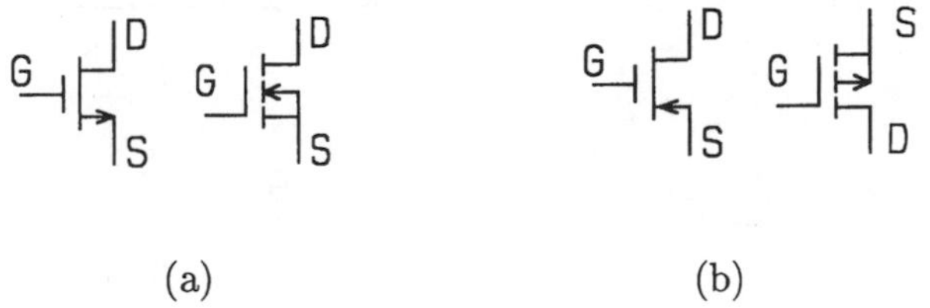

(a) (b)

圖14.12　增強型 MOSFET 的電路符號 (a)N 通道 (b)P 通道

　　圖 14.11 為 NMOSFET 考慮輸出電阻的大信號等效電路，而 MOSFET 的電路符號則如圖 14.12 所示。(a)圖為 N 通道而(b)圖為 P 通道增強型 MOSFET。

2.　空乏型的金氧半場效電晶體

　　空乏型 MOSFET 在汲極與源極之間有一個物理上鑲入的通道。以 N 通道的 MOS FET 為例，在 P 型基板的頂端有一個 N 型矽區以連接源極及汲極區。若 V_{DS} 加在汲、源極之間，即使 $V_{GS}=0$，也有電流 I_D 流動。換言之，與增強型 MOSFET 的情形不同，空乏型 MOSEFT 並不需要感應通道亦能傳導電流。

　　空乏型的金氧半場效電晶體的通道深度及導電度，也如增強型元件一般，可以以 V_{GS} 控制。加上正 V_{GS} 可以把更多的電子吸入通道而增強通道導電度。同時我們也可以加上負 V_{GS}，將電子排出通道；使通道變淺，導電度下降。負的 V_{GS} 被用減少通道中的電荷載子，此種操作被叫做空乏型 (depletion mode) 操作。

　　當 V_{GS} 的大小往負的方向增加，會到達某一個值使通道內電荷載子完全消失，即使有 V_{DS}，I_D 也降為零。這個負 V_{GS} 值即是 N 通道空乏型 MOSFET 的臨界電壓 V_t。

　　故空乏型 MOSFET 可加上正 V_{GS}，則做增強型操作；反之若加上負 V_{GS}，則做空乏型操作。除了 N 通道空乏型元件的 V_t 是負的，它的 I_D-V_{DS} 特性與增強型元件的特性類似。

　　圖 14.13 所示為空乏型 MOSFET 的電路符號。圖 14.14 為一個 $V_t = -4$V，$K = 1$mA/V_t的空乏型 N 通道 MOSFET 在飽和區的 I_D-V_{GS}特性。圖 14.15 為飽和區的 I_D- V_{DS} 特性。圖中並標示出空乏型及增強型兩種操作。而飽和區

(a)　　　　　　　　(b)

圖14.13　空乏型 MOSFET 的電路符號 (a)N 通道 (b)P 通道

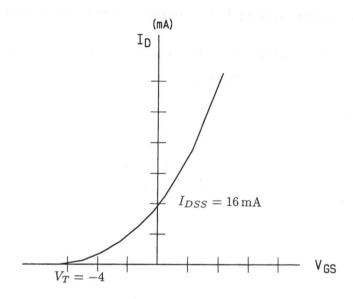

圖14.14 空乏型 MOSFET 的 V_{GS}-I_D 特性曲線

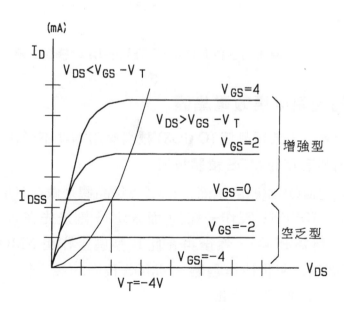

圖14.15 空乏型 MOSFET 飽和區的 I_D-V_{DS} 特性曲線

時 I_D 的電流方程式仍為：

$$I_D = K(V_{GS} - V_t)^2 \tag{14.8}$$

當 $V_{GS} = 0$ 時，此時電流稱爲 I_{DSS}，即 $I_{DSS} = K \times V_t^2$。圖 14.16 同時繪出各種 MOSEFT 的 I_D-V_{GS} 的特性曲線。

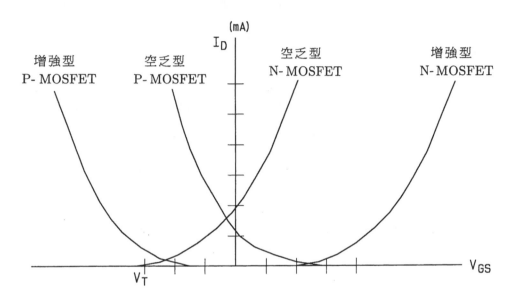

圖14.16　同時繪出各種 MOSEFT 的 V_{GS}-I_D 的特性曲線。

3. 互補型的金氧半場效電晶體

互補型的金氧半場效電晶體 (CMOS) 技術使用兩種不同極性的 MOSFET 電晶體，為目前最有用的 MOS 積體技術。

圖 14.17 為 CMOS 電路的剖面：PMOS 電晶體是做在 N 型基板上，（如前面所提增強型 MOSFET 製作一樣），而 NMOS 則是先在 N 型基板上擴散作出一 P 型區 (稱為 P 井)，然後再在此 P 型區上作出 NMOS 來。而兩個 MOSFET 之間則以二氧化矽作隔離。 CMOS 技術的最大特點為在所有半導體製造技術上， CMOS 最為省電。

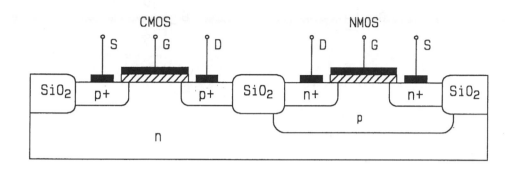

圖14.17 CMOS 電路的剖面

4. 接面場效應電晶體 (JFET)

圖 14.18 所示為一個 N 通道接面場效應電晶體的簡化結構。它包括一塊 N 型矽平板,板兩邊擴散出 P 型區。N 型區是通道,兩個 P 型區連起來形成閘極。元件的操作則是將閘極與通道構成旳 PN 接面反偏。利用這個接面反偏壓來控制通道寬度 (爾利效應 EARLY EFFECT),因而控制汲極到源極的電流。因此稱之為接面場效電晶體。

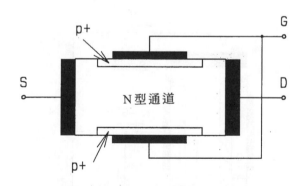

圖 1.18 N 通道 JEFT 簡化結構

同樣的,P 通道元件也可以簡單的變換所有半導體的極性製造出來,即使用 P 型矽做為通道,N 型矽做為閘極區。

圖14.19所示為兩種極性的 JFET 的電路符號。注意元件極性 (N 通道或 P 通道) 是由閘極線上箭頭的方向標出,JFET 為一對稱元件,其汲極與源極

(a) N 通道   (b) P 通道

圖 1.19 JEFT 的電路符號

可以互換而不影響其物理特性。

N 通道的 JFET 操作如下：

當 $V_{GS} = 0$ 時，加上電壓 V_{DS} 會使電流由汲極流到源極。當 V_{GS} (負電壓) 加上時，閘極通道接面空乏區擴張，通道相對地變窄；因此通道電阻增加，電流 I_D(相對於固定的 V_{DS}) 下降。因為 V_{DS} 小，通道寬度幾乎是均勻的。此時 JFET 操作有如一個電阻，其值由 V_{GS} 控制，一般稱為三極管區或壓控電阻區，如圖 14.20 所示。將 V_{GS} 持續朝負的方向增加，最後會達到一個值，此時空乏區佔滿整個通道。在此 V_{GS} 值之下，通道內的載子 (電子) 全部排出，通道等於消失。此值即為元件的臨界電壓 V_p(對 JFET 而言，使通道完全消失的反向電壓不再稱為 V_t，改稱為 V_p，V_p 稱為 JFET 的夾止電壓)。很

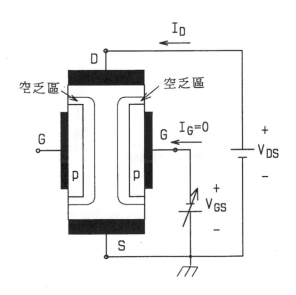

圖 14.20 N 通道 JEFT 的電場效應(V_{DS} 小)

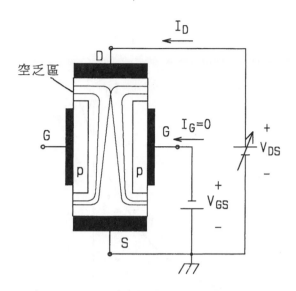

圖14.21　N 通道 JEFT 的電場效應$(V_{DS}$ 大$)$

明顯地，對 N 通道 JFET 而言，V_p 是負值。

　　若將 V_{GS} 固定於某個大於 V_p 的值，且將 V_{DS} 增加。因為 V_{DS} 為沿著長度方向跨在通道上的電壓降，因此由源極朝汲極沿著通道移動時，電壓一路上昇。這使得閘極與通道的反偏電壓，沿著通道處處不同而以汲極端為最高。因此通道變成錐形，而 I_D-V_{DS} 特性變成非線性。當汲極端的反偏壓，V_{GD} 降到臨界電壓 V_p 以下，通道在汲極端被夾止，而汲極電流達到飽和。一般稱為夾止區。

　　JFET 利用 PN 接面的逆向偏壓以控制空乏區大小來改變 FET 的電流，因此 J FET 的 V_{GS} 僅能工作於負電壓 (對 N 通道而言，P 通道則極性相反)。其 V_{GS}-I_D 的曲線如圖 14.22 所示。而圖 14.23 則為 I_D-V_{DS} 的特性曲線。

　　JFET 在三極管區 (壓控電阻區) 的電流方程式為：

$$I_D = I_{DSS}\left(2\left(1 - \frac{V_{GS}}{V_p}\right)\left(\frac{V_{DS}}{V_p}\right) - \left(\frac{V_{DS}}{V_p}\right)^2\right) \tag{14.9}$$

在飽和區 (夾止區) 的電流為：

$$I_D = I_{DSS}\left(1 - \frac{V_{GS}}{V_p}\right)^2(1 + \lambda \times V_{DS}) \tag{14.10}$$

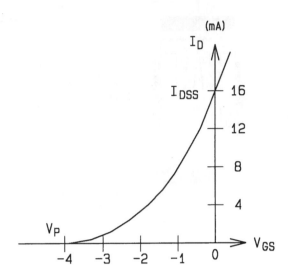

圖14.22　JFET 的 $V_{GS}\text{-}I_D$ 的特性曲線。

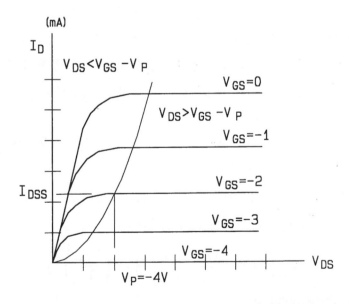

圖14.23　圖 1.23 JFET 的 $I_D\text{-}V_{DS}$ 特性曲線

式中

$$I_{DSS} = KV_p^2 \qquad\qquad (14.11)$$

14.3 實驗項目

1. 工作一：MOSFET參數的測量

A. 實驗目的：

MOSFET V_t 及 K 值的測量。

B. 材料表：

  10KΩ×1, 2.2KΩ×1, 5.6KΩ×1, 1KΩ×2

  CD4007UB, 2SJ40, 2SK40×1

  可變電阻　10KΩ(B)

C. 實驗步驟：

(1) 增強型 MOSFET 雖廣泛使用於類比或數位 IC 的設計，但單獨的元件卻不多見。本實驗以 CD4007UB 內部的 NMOS 或 PMOS 來取代單獨的 MOSFET，如圖 14.24 為內部的等效電路，實驗電路如圖 14.25 所示。

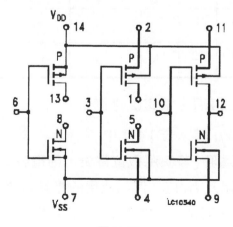

圖14.24

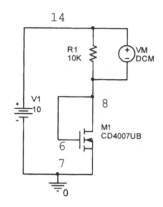

圖14.25 N 通道增強型 MOSFET V_t 及 K 值的測量電路

(2) 利用電壓表測試源極對地的電壓,並將結果記錄於表 14.1 中。

表 14.1 增強型 MOSFET 參數測試結果

接線電路	TYPE	G	D	S	R_1=10KΩ V_M	R_1=10KΩ V_M	V_t	K
圖 14.25	NMOS-1	6	8	7				
圖 14.25	NMOS-2	3	5	7				
圖 14.27	NMOS-3	10	12	9				
圖 14.26	PMOS-1	6	13	14				
圖 14.28	PMOS-2	3	1	2				
圖 14.28	PMOS-3	10	12	11				

(3) 將電阻 R_1 改為 22 KΩ,重複(2)之測試。

(4) 將 $V_{DS} = V_{DD} - V_M$ 填入表 14.1 中 。

(5) 考慮電表的輸入電阻 (若使用數位電表,則電表的輸入電阻可忽略) 以計算實際的負載電阻及 I_D 值。例如使用的指針電表靈敏度為 20 KΩ/V,而電表置於 10 V 檔,則電表內阻為 200 KΩ,實際的負載電阻則為 100 KΩ//200 KΩ。

(6) 根據 14.4 式聯立解方程式以計算 V_t 及 K 值。

(7) 將 MOSFET 改使用其他元件等，重複以上之實驗。

(8) 將 MOSFET 改為 P 通道之元件，接線如圖 14.26。重複以上之各項測試。

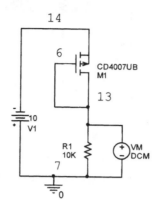

圖14.26　P 通道增強型 MOSFET V_t 及 K 值的測量電路

(9) 將電路改為如圖 14.27 及圖 14.28 之接線，重作以上實驗以比較其差異。

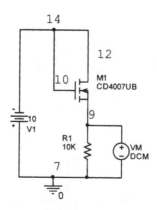

圖14.27　N 通道增強型 MOSFET V_t 及 K 值的測量電路

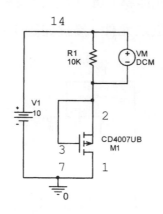

圖14.28　P通道增強型 MOSFET Vt 及 K 值的測量電路

2. 工作二：JFET I_{DSS} 參數測試

A. 實驗目的：

JFET I_{DSS} 及 V_p 值的測量。

B. 材料表：

$100\,\Omega \times 1$

2SK40×1，2SJ40×1

C. 實驗步驟：

(1) 如圖 14.29 之接線。

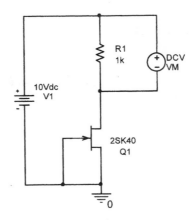

圖 14.29　N 通道 JFET V_p 及 I_{DSS} 值的測量電路

(2) V_{DD} 自 5 V 逐漸調升至 30 V，觀察 I_D 之變化 (I_{DSS})。並將結果記錄於
表 14.2 中。

表 14.2　JFET 參數測試結果

接線電路	TYPE	V_1	2V	5V	10V	15V	20V	25V
圖 14.29	2SK40	I_{DSS}						
		V_{DS}						
圖 14.31	2SJ40	I_{DSS}						
		V_{SD}						

(3) 根據表 14.2 以繪出所測 JFET 的 $I_{DSS} - V_{DS}$ 之特性於圖 14.30。

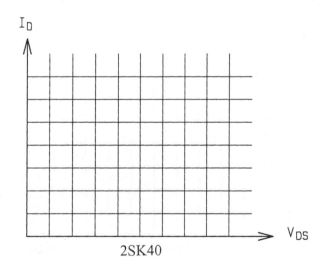

圖14.30　N 通道 JFET $I_{DSS} - V_{DS}$ 特性曲線

(4) FET 改用 P 通道，如 2SJ40，接線圖如 14.31 重複以上實驗。

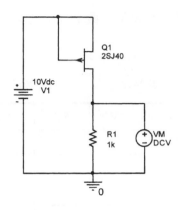

圖14.31　P 通道 JFET V_p 及 I_{DSS} 值的測量電路

根據表 14.2 以繪出所測 JFET 的 $I_{DSS} - V_{DS}$ 之特性於圖 14.32。

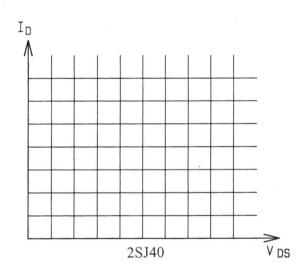

圖14.32　P 通道 JFET $I_{DSS} - V_{DS}$ 特性曲線

3. 工作三：增強型 MOSFET 的特性測量

A. 實驗目的：

測試增強型 MOSFET 的輸出特性曲線與轉移曲線

B.　實驗步驟：

(1) 測試電路如圖 14.33 之接線。

(2) V_{DD}=10V。調整 VR_1 使 I_D=1.0，記錄 V_{GS} 如電壓於表 14.3 中。

(3) 固定 V_{GS} 電壓，調整 V_{DD} 電壓使 V_{DS} 電壓逐漸下降，記錄 I_D 與 V_{DS}(= V_{DD} - I_D* R3)於表 14.3 中。

(4) 重複(2)(3)的測試，使 I_D=0.8、0.6、0.4、0.2、0.01(測量 V_t)之值，並把結果記錄於表 14.3 中。

(5) 使用表 14.3 中的數據，繪製 CD4007UB N 通道 MOSFET 的輸出特性曲線(V_{DS}–I_D)於圖 14.34 之中。

(6) 使用表 14.3 中的數據，繪製 CD4007UB N 通道 MOSFET 的轉移曲線(V_{GS}–I_D)於圖 14.35 之中。

(7) 於輸出特性曲線(V_{DS}–I_D)中，標示出壓控電阻區與飽合曲的分界曲線。

(8) 將 MOSFET 改為 P 通道，如圖 14.36 之接線，重複以上的測試，並把結果記錄於表 14.4 中。

(9) 繪製 CD4007UB P 通道 MOSFET 的輸出特性曲線(V_{DS}–I_D)於圖 14.37 之中。

(10) 繪製 CD4007UB P 通道 MOSFET 的轉移曲線(V_{GS}–I_D)於圖 14.38 之中。

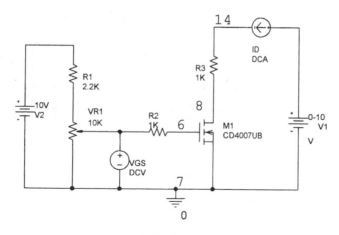

圖14.33

表 14.3　　　CD4007UB N MOSFET 的測試結果

$V_{DD}=10$	$V_1=$	0.1V	0.2V	0.5V	1V	2V	4V	6V	8V
$I_D=0.01$	I_D								
$V_{GS}=$	V_{DS}								
$I_D=0.2$	I_D								
$V_{GS}=$	V_{DS}								
$I_D=0.4$	I_D								
$V_{GS}=$	V_{DS}								
$I_D=0.6$	I_D								
$V_{GS}=$	V_{DS}								
$I_D=0.8$	I_D								
$V_{GS}=$	V_{DS}								
$I_D=1.0$	I_D								
$V_{GS}=$	V_{DS}								

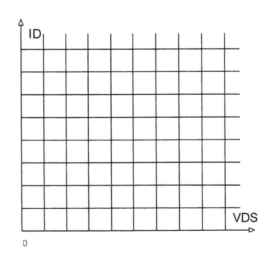

CD4007UB N-channel

圖14.34　　CD4007UB N MOSFET 的輸出特性曲線

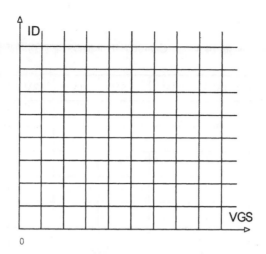

CD4007UB N-channel

圖14.35　CD4007UB N MOSFET 的轉移曲線

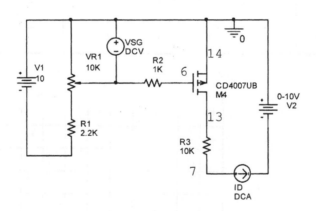

圖14.36　IRF9531 增強型 MOSFET 輸出特性

表 14.4　　　CD4007UB P MOSFET 的測試結果

$V_{DD}=10$	$V_I=$	0.1V	0.2V	0.5V	1V	2V	4V	6V	8V
I_D=0.01	I_D								
$V_{SG}=$	V_{SD}								
I_D=0.2	I_D								
$V_{SG}=$	V_{SD}								
I_D=0.4	I_D								
$V_{SG}=$	V_{SD}								
I_D=0.6	I_D								
$V_{SG}=$	V_{SD}								
I_D=0.8	I_D								
$V_{SG}=$	V_{SD}								
I_D=1.0	I_D								
$V_{SG}=$	V_{SD}								

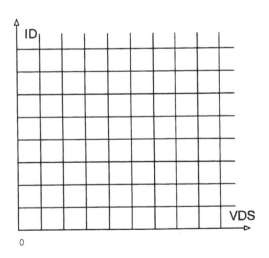

CD4007UB P-channel

圖14.37　CD4007UB P MOSFET 的輸出特性曲線

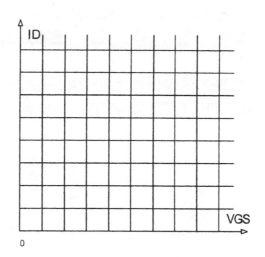

CD4007UB P-channel

圖 14.38　CD4007UB P MOSFET 的轉移曲線

4.　工作四：接面型 FET 的特性測量

A.　實驗目的：

測試接面型 FET 的輸出特性曲線與轉移曲線

B.　實驗步驟：

(1) 測試電路如圖 14.39 之接線。

(2) V_{DD}=10V。調整 VR_1 使 I_D=1.0，記錄 V_{GS} 如電壓於表 14.5 中。

(3) 固定 V_{GS} 電壓，調整 V_{DD} 電壓使 V_{DS} 電壓逐漸下降，記錄 I_D 與 V_{DS}(= V_{DD} - I_{D*} R_3)於表 14.5 中。

(4) 重複(2)(3)的測試，使 I_D=0.8、0.6、0.4、0.2、0.01(測量 V_p)之值，並把結果記錄於表 14.5 中。

(5) 使用表 14.5 中的數據，繪製 2SK40 接面型 FET 的輸出特性曲線(V_{DS}–I_D)於圖 14.40 之中。

(6) 使用表 14.5 中的數據，繪製 2SK40 接面型 FET 的轉移曲線(V_{GS}–I_D)於圖 14.41 之中。

(7) 於輸出特性曲線(V_{DS}–I_D)中，標示出壓控電阻區與飽合曲的分界曲線。

(8) 將 FET 改為 P 通道，如圖 14.42 之接線，重複以上的測試，並把結果記錄於表 14.6 中。

(9) 繪製 2SJ40 接面型 FET 的輸出特性曲線(V_{DS}–I_D)於圖 14.43 之中。

(10) 繪製 2SJ40 接面型 FET 的轉移曲線(V_{GS}–I_D)於圖 14.44 之中。

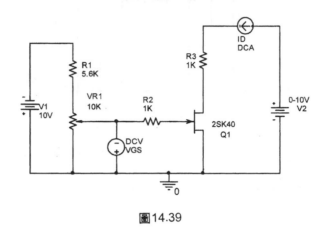

圖14.39

表 14.5

V_{DD}=10	V_1=	0.1V	0.2V	0.5V	1V	2V	4V	6V	8V
I_D=0.01	I_D								
V_{GS} =	V_{DS}								
I_D=0.2	I_D								
V_{GS} =	V_{DS}								
I_D=0.4	I_D								
V_{GS} =	V_{DS}								
I_D=0.6	I_D								
V_{GS} =	V_{DS}								
I_D=0.8	I_D								
V_{GS} =	V_{DS}								
I_D=1.0	I_D								
V_{GS} =	V_{DS}								

注意：V_{GS} 的電壓為負值

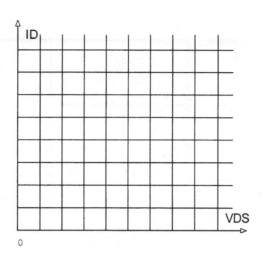

2SK40

圖 14.40 2SK40 JFET 的輸出特性曲線

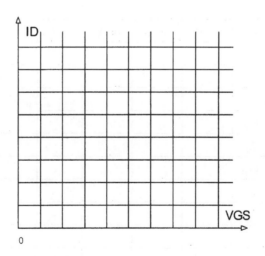

2SK40

圖 14.41 2SK40 JFET 的轉移曲線

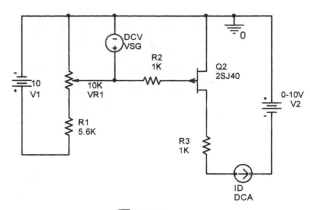

圖 14.42

表 14.6

$V_{DD}=10$	$V_1=$	0.1V	0.2V	0.5V	1V	2V	4V	6V	8V
$I_D=0.2$	I_D								
$V_{SG}=$	V_{SD}								
$I_D=0.2$	I_D								
$V_{SG}=$	V_{SD}								
$I_D=0.4$	I_D								
$V_{SG}=$	V_{SD}								
$I_D=0.6$	I_D								
$V_{SG}=$	V_{SD}								
$I_D=0.8$	I_D								
$V_{SG}=$	V_{SD}								
$I_D=1.0$	I_D								
$V_{SG}=$	V_{SD}								

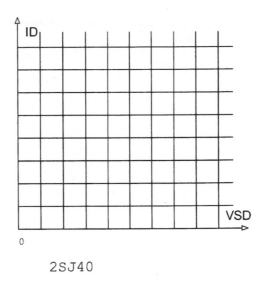

2SJ40

圖 14.43

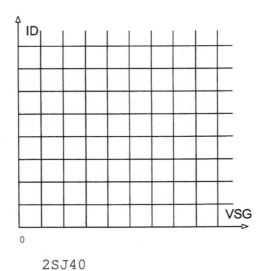

2SJ40

圖 14.44

第十五章
FET放大器

15.1 實驗目的

1. 瞭解 FET 的放大作用
2. 工作點的求法
3. 瞭解 FET 的小信號等效電路
4. 瞭解共源極放大器的特性
5. 瞭解共汲極放大器的特性
6. 瞭解共閘極放大器的特性
7. 瞭解 CMOS 放大器的特性

15.2 相關知識

　　從信號的觀點來看，FET 的特性像一個壓控電流源。它接受一個閘-源極間的信號 v_{gs}，在汲極提供一個電流 $g_m \times v_{gs}$。

　　本章將由 FET 的 I-V 特性曲線求得小信號模型，作為 FET 放大器的增益分析之用。

1. FET 的圖解增益分析

　　如圖 15.1 的 MOSFET 放大器，假設 FET 的輸出特性曲線如圖 15.2 所示，我們可以利用圖解法分析放大器。首先將負載線同時標示於圖 15.2 上，負載線為：

$$V_{DD} = I_D \times R_D + V_{DS} \tag{15.1}$$

　　此負載線與偏壓的輸出特性曲線的交點即為直流工作點。例如圖 15.1 的閘極，我們利用 5V 的直流予偏壓，因此負載線與 $V_{GS} = 5\,V$ 的 I_D-V_{DS} 曲線的交點即為工作點 $Q(V_{DS}=8\,V，I_D=10\,mA)$。而串於偏壓電源上的交流信號 (v_{gs}) 則使得 V_{GS} 於工作點上下變化，就以此為例：$v_{gs} = \pm 0.5\,V$，因此 FET 的閘極總電壓將為 $5\,V \pm 0.5\,V$，即在 4.5 V 至 5.5 V 之間變化，使得 i_D 在 8-12 mA 間變化而 v_{DS} 在 4-12 V 間變化。故其電壓增益為：

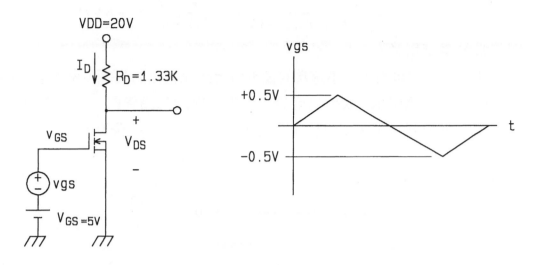

圖15.1　MOSFET 放大器

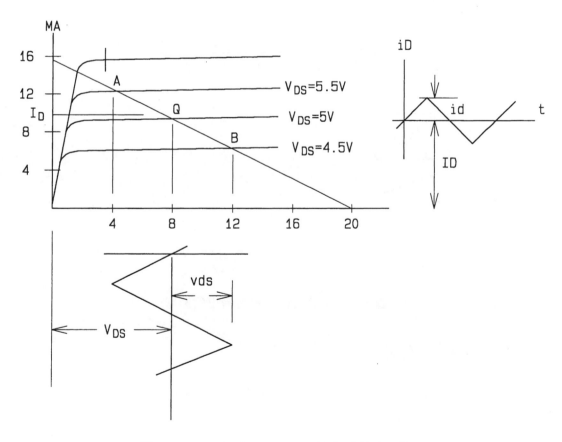

圖15.2　圖解法作 MOSFET 放大器增益分析

$$A_v = \frac{\Delta V_o}{\Delta V_i} = \frac{v_{DSA} - v_{DSB}}{v_{GSA} - v_{GSB}} = \frac{4 - 12}{5.5 - 4.5} = -8 \, \text{V/V}$$

此即相當於電壓增益。

　　從此圖解法亦可看出，不適當的偏壓將會造成輸出的失真，例如圖 15.3 所示，由於負載電阻 R_D 太大以至於工作點太靠近三極管區，因此在正半週的輸出波形被限制住了，以致於產生輸出不對稱的現象 (失真)。

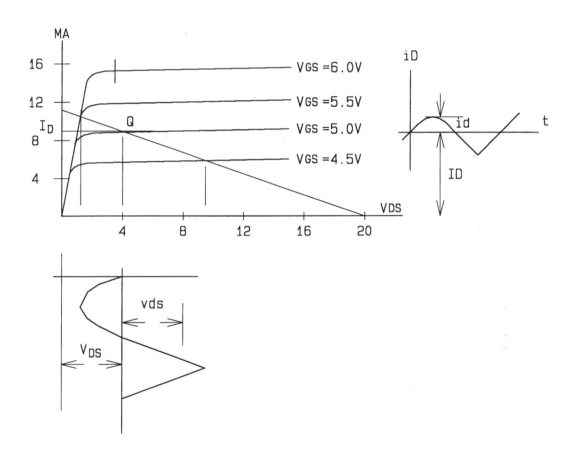

圖15.3　不適當的偏壓對輸出的影響

2. 直流工作點分析

　　本節將以數個實例說明 FET 工作點的分析方法：

A. 增強型 MOSFET 的直流工作點分析

【例15.1】

如圖 15.4 之雙電源偏壓的 FET 電路，假設 FET 的 K 值為 $0.25\,\mathrm{mA/V^2}$，$V_t = 2\mathrm{V}$ 求 I_D。

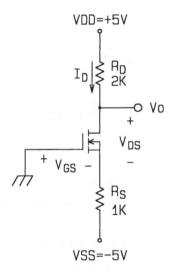

圖15.4　雙電源偏壓的 FET 放大電路

解： 首先假設 FET 操作於飽和區

$$I_D = K(V_{GS} - V_t)^2$$

$$V_{GS} = V_{SS} - I_{DS} \times R_S = 5 - I_D \times 1 = 5 - I_D$$

$$I_D = 0.25 \times (5 - I_D - 2)^2$$

$$I_D^2 - 10 \times I_D + 9 = 0$$

解得 $I_D = 1\,\mathrm{mA}$ 或 $I_D = 9\,\mathrm{mA}$(不合)

當 $I_D = 9\,\mathrm{mA}$ 時，$V_{GS} = -4\mathrm{V}$，增強型 MOSFET 尚無法建立通道故無電流；因此 $I_D = 9\,\mathrm{mA}$ 為不合理的電流，實際 $I_D = 1\,\mathrm{mA}$，$V_{GS} = 4\,\mathrm{V}$。

$V_{DS} > (V_{GS} - V_t)$，故 FET 操作於飽和區，此與開始假設的一致。

【例15.2】

如圖 15.5 之汲極回授偏壓電路，假設 FET 的 $V_t=2\text{V}$，$K=0.5\,\text{mA/V}^2$，求 I_D 及 V_{DS}。

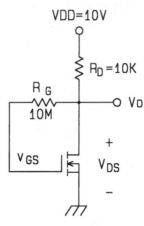

圖15.5　汲極回授偏壓的 FET 放大電路

解： $V_{DS} > (V_{GS} - V_t)$，故 FET 操作於飽和區。由於 $I_G = 0$，因此

$$V_{GS} = V_{DS} = V_{DD} - I_D \times R_D$$
$$I_D = K \times (V_{GS} - V_t)^2$$
$$I_D = K \times (V_{DD} - I_D \times R_D - V_t)^2$$
$$I_D = 0.5 \times (10 - I_D \times 10 - 2)^2$$

解得 $I_D = 0.937\,\text{mA}$ 或 $I_D = 0.683\,\text{mA}$

當 $I_D = 0.937\,\text{mA}$，則 $V_{DS} = V_{GS} = 10 - 0.937 \times 10 = 0.63\,\text{V}$，尚無法建立通道。

故　$I_D = 0.683\,\text{mA}$

$$V_{DS} = 10 - 0.683 \times 10 = 3.17\,\text{V}$$

【例15.3】

如圖 15.6 的分法器偏壓電路，求 I_D 及 V_{DS}。假設 FET 的 $V_t=1\mathrm{V}$，$K=0.52\mathrm{mA/V^2}$。

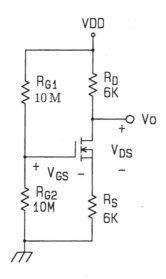

圖15.6　分法器偏壓的 FET 放大電路

解：$V_G = \dfrac{R_{G2} \times V_{DD}}{R_{G1} + R_{G2}} = 10 \times \dfrac{10\,\mathrm{M}}{10\,\mathrm{M} + 10\,\mathrm{M}} = 5\,\mathrm{V}$

首先假設 FET 操作於飽和區

$$V_{GS} = 5\,\mathrm{V} - I_D \times R_S$$
$$I_D = K \times (V_{GS} - V_t)^2$$
$$I_D = 0.5 \times (5 - I_D \times 6 - 1)^2$$

解得 $I_D = 0.89\,\mathrm{mA}$ 或 $I_D = 0.5\,\mathrm{mA}$

當 $I_D = 0.89\,\mathrm{mA}$，則 $V_{GS} = 5 - 0.89 \times 6 = -0.43\,\mathrm{V}$，此值無法使 FET 建立通道。

故　$I_D = 0.5\,\mathrm{mA}$

$$V_{DS} = 10 - 0.5 \times (6 + 6) = 4\,\mathrm{V}$$

B.　接面型 FET 的直流工作點分析

【例15.4】

如圖 15.7 的 N 通道接面型 FET 偏壓電路，假設 FET 的 $I_{DSS} = 16\,\mathrm{mA}$，$V_p = -4\,\mathrm{V}$，求 I_D 及 V_{DS}。

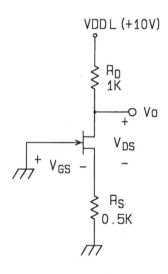

圖15.7　N 通道接面型 FET 放大器的偏壓電路

解：
$$I_D = \frac{I_{DSS}}{|V_p|^2}(V_{GS} - V_p)^2$$

$$V_{GS} = -I_D \times R_S$$

$$I_D = \frac{I_{DSS}}{|V_p|^2}(-I_D \times R_S - V_p)^2$$

$$I_D = \frac{16}{(-4)(-4)}(-0.5 \times I_D + 4)^2$$

解得 $I_D = 16\,\mathrm{mA}$ 或 $I_D = 4\,\mathrm{mA}$

當 $I_D = 16\,\mathrm{mA}$ 時，則 $V_{GS} = -16 \times 0.5 = -8\,\mathrm{V}$，此值 JFET 已經截止，$I_D = 0$。故實際 $I_D = 4\,\mathrm{mA}$。

$$V_{DS} = 10 - (1 + 0.5) \times 4 = 4\,\mathrm{V}$$

$$V_{GS} = -I_D \times R_S = -4 \times 0.5 = -2\,\mathrm{V}$$

3. FET 的小信號等效電路

對圖 15.1 的放大器電路，首先考慮輸入信號 v_{gs} 為零時的情形，從前一章的 (14.4) 式得：

$$I_D = K \times (V_{GS} - V_t)^2 \tag{15.2}$$

$$V_D = V_{DD} - I_D \times R_D \tag{15.3}$$

若將信號 v_{gs} 重疊到 V_{GS} 之上，則閘 - 源極電壓 V_{gs} 為：

$$v_{GS} = V_{GS} + v_{gs}$$

相對地，總瞬時電流 i_D 將為：

$$
\begin{aligned}
i_D &= K \times (v_{GS} - V_t)^2 \\
&= K \times (V_{GS} + v_{gs} - V_t)^2 \\
&= K \times (V_{GS} - V_t)^2 + 2K \times (V_{GS} - V_t) \times v_{gs} + K \times v_{gs}^2 \tag{15.4}
\end{aligned}
$$

上式右邊第一項為 DC 值或靜態電流 I_D。第二項代表與輸入信號 v_{gs} 直接成正比的電流成份。最後一項是與輸入信號平方成正比的電流成份。

若輸入信號 $v_{gs} \ll 2 \times (V_{GS} - V_t)$ 則上式第三項可將予忽略。

故　　　　$i_D = I_D + i_d$

其中信號電流 i_d 為

$$i_d = 2 \times K \times (V_{GS} - V_t) \times v_{gs}$$

我們定義 FET 的互導為：

$$g_m = \frac{i_d}{v_{gs}} = 2 \times K \times (V_{GS} - V_t) \tag{15.5}$$

此即相當於 MOSFET 的 V_{DS}-I_D 特性曲線上，工作點的斜率，如圖 15.8 所示。

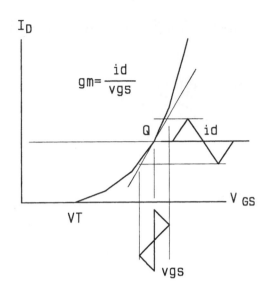

圖15.8　從 $I_D - V_{DS}$ 特性曲線上，求取 MOSFET 的 g_m

　　由於 FET 輸入阻抗很高，因此通常將 I_{GS} 的電流忽略不計，而將閘 - 源極間看成斷路，因此可得 FET 的小信號等效電路如圖 15.9(a)所示。若考慮 FET 的通道調變效應，則以輸出電阻來表示：

$$r_o = \frac{|V_a|}{I_D} \qquad (15.6)$$

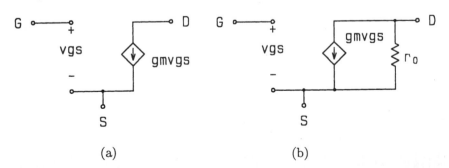

(a) (b)

圖15.9　FET 的小信號等效電路 (a) 忽略通道調變效應 (b) 考慮通道調變效應

其小信號模型修正如圖 15.9(b)。

此模型可應用於所有型式的 FET(增強型，空乏型及 JFET)，通常 JFET

的參數常以 I_{DSS} 表示，因此對 JFET 而言，(15.5)式可代換如下：

$$g_m = 2 \times K \times (V_{GS} - V_p)$$

$$= 2 \times \frac{I_{DSS}}{V_p^2} \times (V_{GS} - V_p) \tag{15.7}$$

$$I_D = \frac{I_{DSS}}{V_p^2} \times (V_{GS} - V_p)^2$$

$$\frac{(V_{GS} - V_p)}{V_p} = \sqrt{\frac{I_D}{I_{DSS}}} \tag{15.8}$$

合併(15.7)，(15.8)式得：

$$g_m = \frac{2I_{DSS}}{|V_p|}\sqrt{\frac{I_D}{I_{DSS}}} \tag{15.9}$$

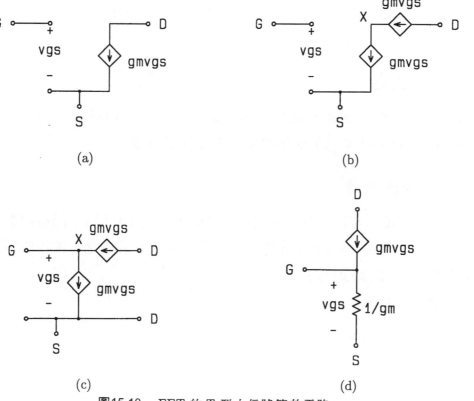

(a)

(b)

(c)

(d)

圖15.10 FET 的 T 型小信號等效電路

$$g_m = \frac{2}{|V_p|} \sqrt{I_D \times I_{DSS}} \tag{15.10}$$

和電晶體小信號模相似,我們也希望有一"T"模型來表示 FET 的小信號電路,此"T"模型可從圖 15.9(a) 求得,如圖 15.10 所示,其過程如下:

(1) 將圖 15.10(a) 的電流源以兩個 $g_m \times v_{gs}$ 的電流源相串聯取代,如(b)圖所示,由於相等兩電流源串聯並不影響其原有特性。

(2) 將 G 點和 X 相接,由於 X-S 的電流完全來自 D-X 的電流,因此 Igx=0,故短路 G-X 點並不會影響原先電路輸入電流為零的特性。如圖 (c) 所示。

(3) X, S 間的電流為 $g_m v_{gs}$,此相當於 X, S 間具有 $1/g_m$ 的電阻特性,因此 G-S 間改以 $1/g_m$ 的電阻取代,得 FET 的 "T" 模型,如圖 (d) 所示。

FET 的小信號模型的求法可歸納如下:

① 先作直流分析以求得 I_D 或 V_{GS}。

② 從 I_D 或 V_{GS},使用(15.5)或(15.9),(15.10)式求得 g_m。

③ 以(15.6)求得 r_o。

4. FET 放大器

FET 放大器亦與電晶體放大器一樣,可分為共源極放大器 (CS 組態),共汲極放大器 (CD 組態) 及共閘極放大器 (CG 組態)。

A. 共源極放大器

輸入信號接到閘極,負載電阻接到汲極,如圖 15.11 的電路結構。稱為共源極放大器,而圖 15.12 則為其小信號等效電路。請注意,源極的電阻 R_s 被旁路電容器 C_3 短路到地了!

電路的輸入阻抗為:

$$R_{in} = R_G$$

而輸出阻抗:

$$R_o = r_o /\!/ R_D$$

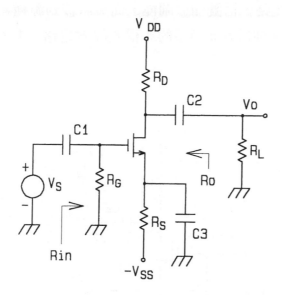

圖15.11 MOSFET 共源極放大器

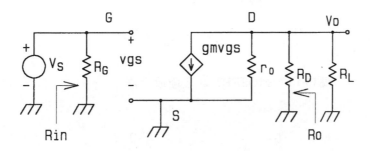

圖15.12 MOSFET 共源極放大器的小信號等效電路

輸出電壓

$$V_o = -g_m \times V_s \times (r_o /\!\!/ R_D /\!\!/ R_L)$$

$$= -g_m \times V_s \times (r_o /\!\!/ R_D /\!\!/ R_L)$$

$$A_v = \frac{V_o}{V_s} = -g_m \times (r_o /\!\!/ R_D /\!\!/ R_L) \tag{15.11}$$

B. 共汲極放大器

　　如圖 15.13 所示之電路，信號加於閘極，而負載接到源極，此種組態稱為共汲極放大器。圖 15.14 則為其 π 模型的小信號等效電路。其輸入電阻：

$$R_{\text{in}} = R_G$$

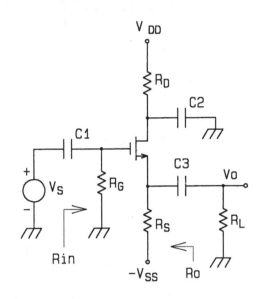

圖15.13　　MOSFET 共汲極放大器

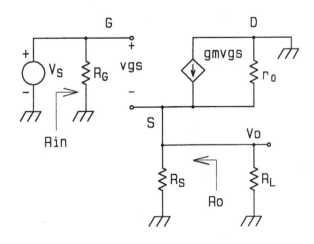

圖15.14　　MOSFET 共汲極放大器的小信號等效電路

輸出電壓

$$V_o = g_m \times v_{gs} \times (r_o /\!/ R_S /\!/ R_L)$$

$$v_{gs} \doteqdot V_s - V_o$$

故　　$$V_o = g_m \times (V_s - V_o) \times (r_o /\!/ R_S /\!/ R_L)$$

$$V_o \times (1 + g_m \times (r_o /\!/ R_S /\!/ R_L)) = g_m \times V_s \times (r_o /\!/ R_S /\!/ R_L)$$

$$A_v = \frac{V_o}{V_s} = \frac{g_m \times (r_o /\!/ R_S /\!/ R_L)}{1 + g_m \times (r_o /\!/ R_S /\!/ R_L)} \qquad (15.12)$$

致於求 R_o 之等效電路如圖 15.15 所示。

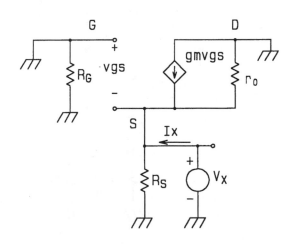

圖15.15　求共汲極放大器輸出阻抗的等效電路

輸出阻抗為：

$$R_o = \frac{V_x}{I_x}\bigg|_{V_s = 0} \qquad 以求得$$

故　　$$I_x = \frac{V_x}{R_s} + \frac{V_x}{r_o} - g_m v_{gs}$$

而 $v_{gs} = -V_x$，代入上式得：

$$I_x = V_x \times \left(\frac{1}{R_S} + \frac{1}{r_o} + g_m \right)$$

$$R_o = \frac{V_x}{I_x} = \left(\frac{1}{R_S} + \frac{1}{r_o} + g_m \right)^{-1} \tag{15.13}$$

或 $$R_o = \left(R_S /\!/ r_o /\!/ \frac{1}{g_m} \right) \tag{15.14}$$

通常 $R_s \gg (1/g_m)$，且 $r_o \gg (1/g_m)$，故輸出電阻可近似為：

$$R_o = 1/g_m \tag{15.15}$$

使用"T"模型求取共汲極放大器的增益亦相當方便，其等效電路如圖 15.16 所示。

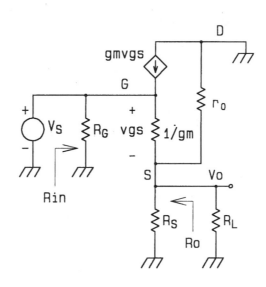

圖15.16　使用 T 模型的共汲極放大器等效電路

$$A_v = \frac{V_o}{V_s} = \frac{(r_o /\!/ R_S /\!/ R_L)}{(1/g_m) + (r_o /\!/ R_S /\!/ R_L)}$$

$$A_v = \frac{g_m \times (r_o /\!/ R_S /\!/ R_L)}{1 + g_m \times (r_o /\!/ R_S /\!/ R_L)}$$

上式與使用 π 模型求得的結果相同。

C. 共閘極放大器

如圖 15.17 所示，將輸入信號加到源極，輸出由汲極取出，而閘極接地，此種電路架構稱為共閘極放大器。其 π 模型的小信等效電路則如圖15.18所示。忽略 r_o，則電路分析如下：

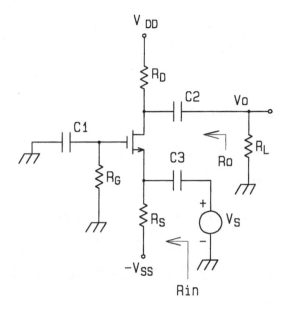

圖15.17　MOSFET 共閘極放大器

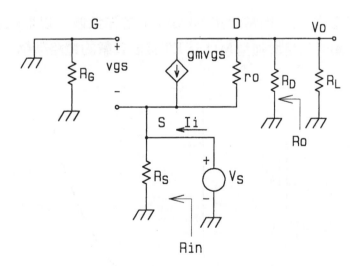

圖15.18　MOSFET 共閘極放大器的小信號等效電路

$$I_i = \frac{V_s}{R_s} - g_m \times v_{gs} = \frac{V_s}{R_s} + g_m \times V_s = V_s \times \left(\frac{1}{R_s} + g_m\right)$$

$$R_i = \frac{V_s}{I_i} = \left(\frac{1}{R_s} + g_m\right)^{-1} = R_s /\!/ \frac{1}{g_m} \tag{15.16}$$

而
$$V_o = -g_m \times v_{gs} \times (R_D /\!/ R_L)$$

$$= g_m \times V_s \times (R_D /\!/ R_L)$$

$$A_v = \frac{V_o}{V_s} = g_m \times (R_D /\!/ R_L) \tag{15.17}$$

而
$$R_o = r_o /\!/ R_D$$

　　此種電路輸入阻抗遠小於其它兩種架構,但共閘極電路幾乎都是輸入電流信號。使得共閘極電路成為一個增益為 1 的電流放大器或電流隨耦器。

　　共閘極電路的主要優點在於它有遠比共源極或共汲極放大器大的頻寬,因此主要使用於射頻放大器方面。

5. 增強型負載 NMOS 放大器

　　在積體電路製作上,經常使用 MOSFET 當作負載,以取代傳統的電阻元件。如圖 15.19(a)所示為增強型 MOSFET 接成負載的電路架構,而圖 15.19(b)

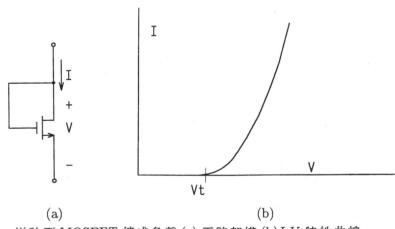

(a)   (b)

圖15.19　增強型 MOSFET 接成負載 (a) 電路架構 (b)I-V 特性曲線

則為其 I-V 特性曲線。

即 $\qquad I = i_D = K(V - V_t)^2$ (15.18)

當 MOSFET 傳導時，$V_{DS} = V_{GS}$。故 $V_{DS} > V_{GS} - V_t$，因此 MOSFET 一定是工作於飽和區內。使用此種增強型 MOSFET 當作負載的放大器如圖 15.20 所示。其負載線則如圖 15.21 所示，而圖 15.22 則為其轉換曲線。其負載線的繪製說明如下： 跨於負載 FET 兩端的電壓為

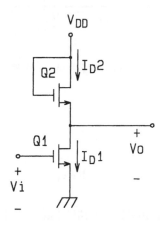

圖15.20 使用增強型 MOSFET 當作負載的放大器

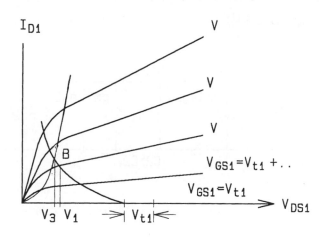

圖15.21 使用增強型 MOSFET 當作負載的放大器輸出特性曲線

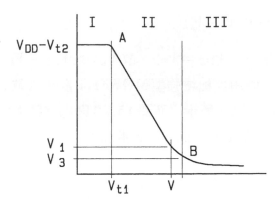

圖15.22　使用增強型 MOSFET 當作負載的放大器負載線

$$V_{LOAD} = V_{DD} - V_{DS1}$$

代入(15.18)式得：

$$I_{D2} = I_{D1} = K \times (V_{DD} - V_{DS1} - V_t)^2$$

此曲線同繪於 Q_1的輸出特性曲線上，即相當於將圖 15.19 的曲線左右相反，而原 V_{t2}點對準繪於圖 15.22 的 $V_{DD} - V_{t1}$之處，如圖所示。此 MOSFET 的負載線和偏壓下的輸出特性曲線的交點即為工作點，即圖上的 B點。電路的小信號等效電路則繪於圖 15.23 中。

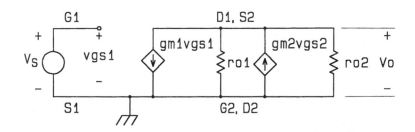

圖 15.23　圖 15.20 放大器的 π 模型小信號等效電路

$$V_o = (-g_{m1} \times v_{gs1} + g_{m2} \times v_{gs2}) \times (r_{o1} /\!/ r_{o2})$$

$$v_{gs2} = -V_o, \quad v_{gs1} = V_i$$

$$V_o = (-g_{m1} \times V_s - g_{m2} \times V_o) \times (r_{o1} /\!/ r_{o2})$$

$$V_o \times (1 + g_{m2} \times (r_{o1} /\!/ r_{o2})) = -g_{m1} \times V_s \times (r_{o1} /\!/ r_{o2})$$

$$A_v = \frac{V_o}{V_s} = \frac{-g_{m1} \times (r_{o1} /\!/ r_{o2})}{1 + g_{m2} \times (r_{o1} /\!/ r_{o2})} = \frac{-g_{m1}}{g_{m2} + (1/r_{o1}) + (1/r_{o2})}$$

因 g_{m2} 遠大於 $(1/r_{o1}) + (1/r_{o2})$，故

$$A_v = \frac{V_o}{V_s} = -\frac{g_{m1}}{g_{m2}} \qquad\qquad (15.19)$$

基板效應：

　　在積體電路內，當基板不是連到源極而是連到最負外接電壓，則會出現基板效應。此時基板有如 MOSFET 的 "第二閘極"。因此信號 v_{bs} 會感應出一部份的汲極電流，即 $g_{mb} \times v_{bs}$，其中 g_{mb} 稱為基板互導。

$$g_{mb} = \left.\frac{\Delta I_D}{\Delta V_{BS}}\right|_{\substack{v_{gs}=\text{const.} \\ v_{ds}=\text{const.}}} \qquad\qquad (15.20)$$

因此圖 15.23 若考慮基板效應，則小訊號等效電路應修正如圖 15.24，故

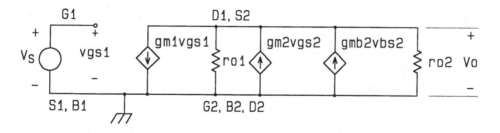

圖 15.24　圖 15.20 放大器的 π 模型小信號等效電路(考慮通道調變效應)

$$V_o = (-g_{m1} \times v_{gs1} + g_{m2} \times v_{gs2} + g_{mb2} \times v_{bs2}) \times (r_{o1} /\!/ r_{o2})$$

而　　　$$v_{gs2} = -V_o, \quad v_{bs2} = -V_o, \quad v_{gs1} = V_s$$

$$V_o = (-g_{m1} \times V_s - g_{m2} \times V_o - g_{mb2} \times V_o) \times (r_{o1} /\!/ r_{o2})$$

$$V_o \times (1 + (g_{m2} + g_{mb2}) \times (r_{o1} /\!/ r_{o2})) = -g_{m1} \times V_s (r_{o1} /\!/ v_{o2})$$

$$A_v = \frac{V_o}{V_s} = \frac{-g_{m1} \times (r_{o1} /\!/ r_{o2})}{1 + (g_{m2} + g_{mb2}) \times (r_{o1} /\!/ r_{o2})}$$

$$= \frac{-g_{m1}}{g_{m2} + g_{mb2} + (1/r_{o1}) + (1/r_{o2})} \tag{15.21}$$

因 g_{m2} 遠大於 $(1/r_{o1}) + (1/r_{o2})$，故

$$A_v = \frac{V_o}{V_s} = \frac{-g_{m1}}{g_{m2} + g_{mb2}} \tag{15.22}$$

由上式可知基板效應會使整體增益降低。

6. CMOS 放大器

　　將 CMOS 反相器的輸出端經電阻回授到輸入端可構成 CMOS 放大器，如圖 15.25 所示為 CMOS 反相器的等效電路。圖 15.26 為電路符號及其轉移曲線。若將輸出經電阻回授到輸入端，如圖 15.27 所示，則其工作點將偏壓在近於 $V_{DD}/2$ 處，如圖 15.28 的 Q 點，而可當作放大器使用。其增益即為 Q 點（工作點）處的斜率。

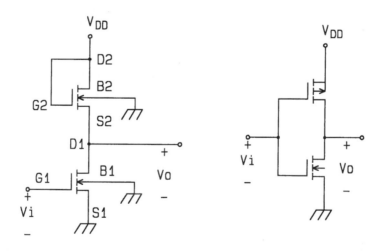

圖15.25　CMOS 反相器電路架構

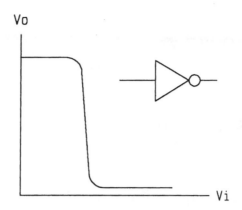

圖15.26　CMOS 反相器轉移曲線

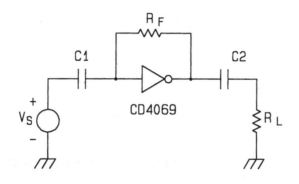

圖15.27　使用 CMOS 反相器做為放大器

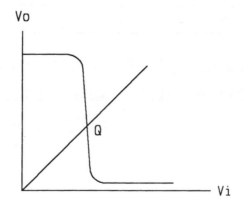

圖15.28　使用 CMOS 反相器做為放大器的轉移曲線及負載線

15.3 實驗項目

1. 工作一：共源極放大器

A. 實驗目的：

瞭解共源極放大器的特性及頻率響應

B. 材料表：

120KΩ×1, 56KΩ×1, 10KΩ×1, 1KΩ×2,

2.2KΩ×1, 3.3KΩ×1, 5.6KΩ×1

10μf×3, 47μf×1

CD4007UB×1

C. 實驗步驟：

(1) 如圖 15.29 之接線。

(2) 測量 V_G，V_S，V_{DS} 各點電壓，並記錄於表 15.1中。

表 15.1 共源極放大器直流偏壓測試

V_{DD}=10	V_G	V_D	V_S	V_{GDS}	I_D
N MOSFET					
P MOSFET					

(3) 使用前一章測量計算的 K 值及 V_t，以求得 MOSFET 的小信號等效電路。

(4) 加入 1 kHz，0.2V的正弦波信號，觀察 V_s 及 V_o之波形，並記錄於圖 15.30。

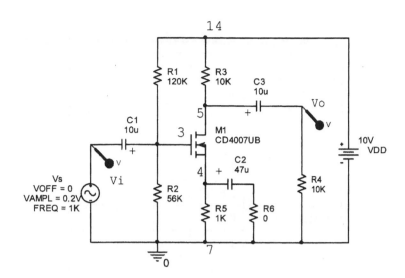

圖15.29　MOSFET 共源極放大器

(5) 令 R_6 分別為 1KΩ、2.2KΩ、3.3KΩ 及 5.6KΩ 等值的電阻，記錄其各不同 R_6 下的輸入電壓，輸出電壓於表 15.2 中，並計算其增益。

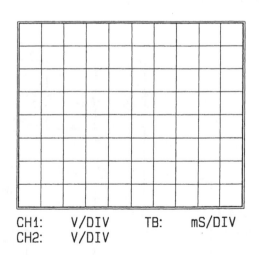

CH1:　　V/DIV　　TB:　　mS/DIV
CH2:　　V/DIV

圖15.30　共源極放大器的輸入／輸出波形

表 15.2　　共源極放大器增益

	R_6	Vi	Vo	Vo/Vi
N MOSFET	0			
	1KΩ			
	2.2KΩ			
	3.3KΩ			
	5.6KΩ			
P MOSFET	0			
	1KΩ			
	2.2KΩ			
	3.3KΩ			
	5.6KΩ			

(6) 使用 P 通道的 MOSFET，重作以上實驗（線路圖如圖 15.31 所示）。

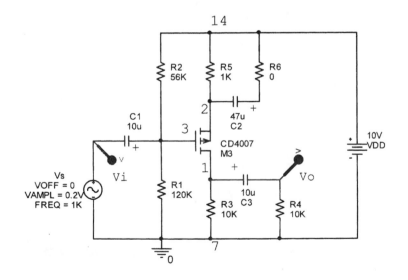

圖15.31　P 通道的 MOSFET 共源極放大器

2. 工作二：共汲極放大器

A. 實驗目的：

瞭解共汲極放大器的特性及頻率響應

B. 材料表：

$10K\Omega \times 2$,　$15K\Omega \times 1$,　$22K\Omega \times 1$,　$33K\Omega \times 1$,

$56K\Omega \times 1$,　$120K\Omega \times 1$,　$220K\Omega \times 1$

$10\mu f \times 1$,　$47\mu f \times 1$

CD4007UB×1

C. 實驗步驟：

(1) 如圖 15.32 之接線。

(2) 測量 V_G, V_D, V_S, 各點電壓並計算 I_D 值，將結果記錄於表 15.3 中。

(3) V_s 加入 1kHz，1V 的正弦波信號，觀察 V_i 及 V_o 之波形，並將結果記錄於圖 15.33 中，並計算其電壓增益。

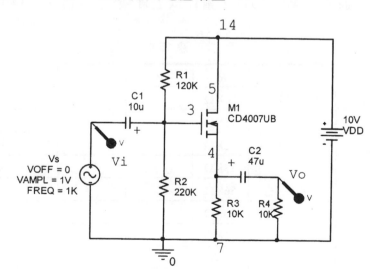

圖15.32　MOSFET 共汲極放大器

表 15.3

V_{DD}=10	V_G	V_D	V_S	V_{GDS}	I_D
N MOSFET					
P MOSFET					

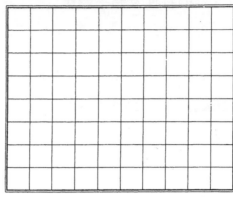

CH1:　　V/DIV　　TB:　　mS/DIV
CH2:　　V/DIV

圖15.33　共汲極放大器的輸入 / 輸出波形

(4) 改變不同的負載電阻,記錄其增益於表 15.4 中。

(5) 改用 P 通道的 MOSFET,重作以上實驗(參考圖 15.34)。

表 15.4

	R_4	V_i	V_o	V_o/V_i
N MOSFET	10KΩ			
	15KΩ			
	22KΩ			
	33KΩ			
	56KΩ			
P MOSFET	10KΩ			
	15KΩ			
	22KΩ			
	33KΩ			
	56KΩ			

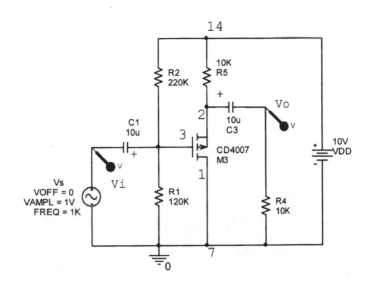

圖15.34　P 通道的 MOSFET 共汲極放大器

3. 工作三：共閘極放大器

A. 實驗目的：

瞭解共閘極放大器的特性及頻率響應

B. 材料表：

120KΩ×1,　56KΩ×1,　1KΩ×1,　10KΩ×2,

15KΩ×1,　22KΩ×1,　33KΩ×1,　56KΩ×1

10μf×3,　47μf×1

CD4007UB×1

C. 實驗步驟：

(1)如圖 15.35 之接線。

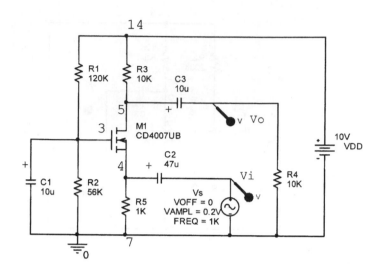

圖15.35　共閘極放大器

(2) V_s 加入 1 kHz，0.2V 的正弦波信號，觀察 V_i 及 V_o 之波形，並將結果記錄於圖 15.36 中，並計算其電壓增益。

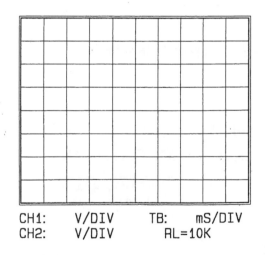

CH1:　　V/DIV　　　TB:　　mS/DIV
CH2:　　V/DIV　　　RL=10K

圖15.36　共閘極放大器的輸入／輸出波形 $R_L = 10\,k\Omega$

⑶ 負載電阻 R_4 改用不同值，記錄 V_i、V_o 及增益於表 15.5 中。

⑷ 改用其他波形，如三角波、方波等，觀察 V_i、V_o 波形，並將結果繪於圖 15.37 中。

表 15.5

	R_4	V_i	V_o	V_o/V_i
N MOSFET	10KΩ			
	15KΩ			
	22KΩ			
	33KΩ			
	56KΩ			
P MOSFET	10KΩ			
	15KΩ			
	22KΩ			
	33KΩ			
	56KΩ			

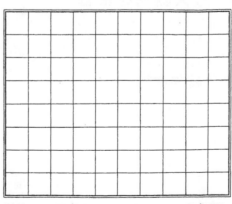

```
CH1:      V/DIV      TB:      mS/DIV
CH2:      V/DIV               RL=1K
```

圖15.37　共閘極放大器的輸入／輸出波形 $R_L = 1\,\mathrm{k\Omega}$

⑸ MOSFET 改用 P 通道，重複以上實驗。（線路圖如圖 15.38）

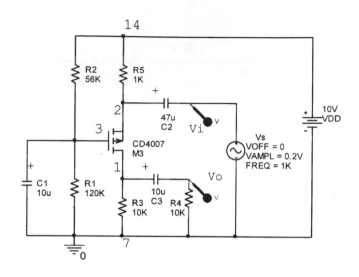

圖15.38　　P 通道的 MOSFET 共閘極放大器

4.　工作四：CMOS 放大器轉移曲線

A. 實驗目的：

瞭解 CMOS 放大器的轉移曲線

B. 材料表：

VR-10 kΩ × 1

CD4007UB × 1

C. 實驗步驟：

⑴ 如圖 15.39 之接線。

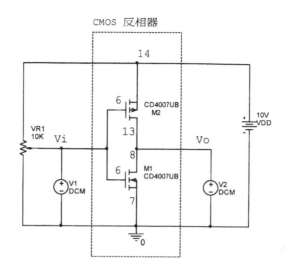

圖 15.39　CMOS 反相放大器的輸入-輸出測試電路

(2) 逐漸調整可變電阻 V_{R1}，記錄 V_i 及 V_o 的電壓於表 15.6 中。

表 15.6　　CMOS 放大器輸入/輸出測試結果

V_{DD}=5V	V_i								
	V_o								
V_{DD}=10V	V_i								
	V_o								

(3) 根據表 15.6 的結果，繪其轉移曲線於圖 15.40 中。

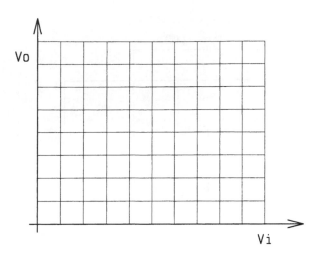

圖15.40　CMOS 反相器轉移曲線的測試結果

(4) 將 V_{DD} 改為 $+5\,V$，重作(2)之實驗。

(5) 將電路改為圖 15.41 之接線。

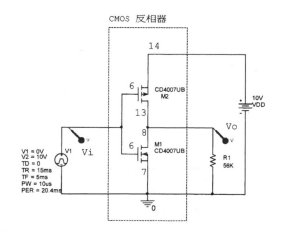

圖 15.41　　CMOS 放大器轉移函數測試電路

(6) 調整信號產生器的波形為三角波（或鋸波），峰對峰值為 10V，
將此信號加到輸入端，而示波器則 CH1 測量 V_i，CH2 測量 V_o
的波形。

(7) 觀察 V_i，V_o 的波形。並將 V_i 及 V_o 的電壓波形記錄於圖 15.42 中。

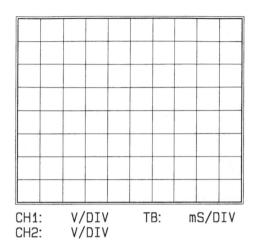

CH1:　　V/DIV　　TB:　　mS/DIV
CH2:　　V/DIV

圖 15.42　CD4069 輸入／輸出測試結果

(8) 將示波器的掃描方式轉到 X-Y mode，將示波器的兩通道輸入耦合轉到 "GND" 位置，調整垂直位置及水平位置使光點於一已知參考點。（例如 CRT 的中心，或右下　），後再將輸入耦合轉到 "DC" 位置。

(9) 觀察示波器的波形並將結果記錄於圖 15.43 中。

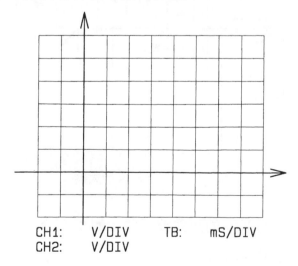

CH1:　　V/DIV　　TB:　　mS/DIV
CH2:　　V/DIV

圖 15.43　　CMOS 放大器的轉移曲線

5. 工作五 : CMOS 放大器

A. 實驗目的 :

瞭解 CMOS 放大器的增益與回授電阻的關係。

B. 材料表 :

10KΩ×2, 15KΩ×1, 22KΩ×1, 33KΩ×1,

56KΩ×1, 120KΩ×1

10μf×1, 47μf×2

CD4007UB×1

C. 實驗步驟 :

(1) 如圖 15.44 之接線。

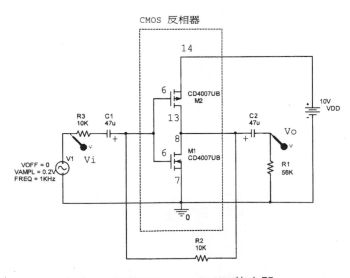

圖 15.44　　CMOS 放大器

(2) V_s 加入 1 kHz, $0.2V_{p-p}$ 的正弦波信號，觀察 V_s 及 V_o 之波形，並將結果記錄於圖 15.45 中。

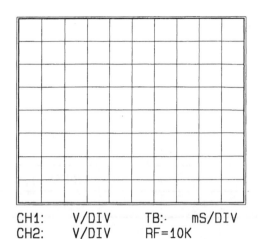

CH1:　　V/DIV　　TB:·　　mS/DIV
CH2:　　V/DIV　　RF=10K

圖 15.45　　　CMOS 放大器測試結果(R_2=10KΩ)

⑶ 更改不同的回授電阻 R_2 = 15KΩ、22KΩ、33KΩ、56KΩ、120KΩ 等，
　觀察其放大效果，並將結果記錄於圖 15.46 中。

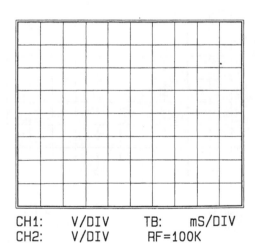

CH1:　　V/DIV　　TB:　　mS/DIV
CH2:　　V/DIV　　RF=100K

圖 15.46　　　CMOS 放大器測試結果(R_2=120KΩ)

⑷ 將⑶其增益記錄於表 15.7 中。

表 15.7　　回授電阻對 CMOS 放大器增益的關係

$R_1= 56K\Omega$				$R_1=10K\Omega$			
R_2	V_i	V_o	V_o/V_i	R_2	V_i	V_o	V_o/V_i
10KΩ				10KΩ			
15KΩ				15KΩ			
22KΩ				22KΩ			
33KΩ				33KΩ			
56KΩ				56KΩ			
120KΩ				120KΩ			

⑸ 將示波器掃描模式切到 X-Ymode 以觀察其轉移曲線。並將結果記錄於
圖 15.47、圖 15.48 中。

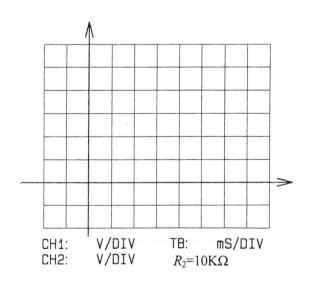

CH1:　　V/DIV　　TB:　　mS/DIV
CH2:　　V/DIV　　R_2=10KΩ

圖 15.47　　CMOS 放大器轉移曲線(R_2=10KΩ)

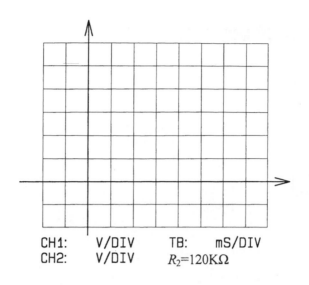

CH1:　　V/DIV　　TB:　　mS/DIV
CH2:　　V/DIV　　R_2=120KΩ

圖15.48　　CMOS 放大器轉移曲線(R_2=120KΩ)

國家圖書館出版品預行編目資料

電子實習 / 吳鴻源編著. -- 五版. -- 新北市：
　全華圖書, 2013.07-
　　冊；　公分
　ISBN 978-957-21-8842-2(上冊：平裝附光碟片)

1. 電子工程　2. 實驗

448.6034　　　　　　　　　　　　102000822

電子實習(上)
(附試用版光碟)

作者 / 吳鴻源

發行人 / 陳本源

執行編輯 / 李孟霞

出版者 / 全華圖書股份有限公司

郵政帳號 / 0100836-1 號

印刷者 / 宏懋打字印刷股份有限公司

圖書編號 / 02974047

五版六刷 / 2021 年 08 月

定價 / 新台幣 440 元

ISBN / 978-957-21-8842-2(平裝附光碟片)

全華圖書 / www.chwa.com.tw

全華網路書店 Open Tech / www.opentech.com.tw

若您對書籍內容、排版印刷有任何問題，歡迎來信指導 book@chwa.com.tw

臺北總公司(北區營業處)
地址：23671 新北市土城區忠義路 21 號
電話：(02) 2262-5666
傳真：(02) 6637-3695、6637-3696

南區營業處
地址：80769 高雄市三民區應安街 12 號
電話：(07) 381-1377
傳真：(07) 862-5562

中區營業處
地址：40256 臺中市南區樹義一巷 26 號
電話：(04) 2261-8485
傳真：(04) 3600-9806(高中職)
　　　(04) 3601-8600(大專)